U0635805

气候变化新视角下的中国战略环境评价

徐鹤 白宏涛 吴婧 乔盛 著

新世纪优秀人才支持计划（NCET-10-0511）
国家社会科学基金重点项目（11AZD103） 资助
中央高校基本科研业务费专项资金（65012501）

科 学 出 版 社
北 京

内 容 简 介

本书在对全球气候变化和战略环境评价研究现状进行总结分析的基础上，从减缓和适应两个角度深入探讨气候变化因素融入我国战略环境评价的理论基础及工作框架。分析了作为减缓气候变化重要手段的低碳发展的内涵和特点；系统构建了基于低碳发展目标的规划环境影响评价技术框架，特别是对评价指标体系的构建进行了详细的论述，提出将评价指标分为评价型指标和建议型指标两类；重点论述了战略环境评价中的气候适应性评价原则、技术框架和评价要点，并构建了适应性评价指标体系。最后选取了城市和交通两种类型的规划环境影响评价实例作为研究案例，验证了本书构建的低碳评价和气候适应性评价技术框架。

本书可供环境科学、气象学、决策科学、管理科学、规划科学等领域的科技人员和管理人员，特别是从事环境影响评价研究和实践的人员阅读，也可供高等院校相关专业师生参考。

图书在版编目(CIP)数据

气候变化新视角下的中国战略环境评价／徐鹤等著. —北京：科学出版社，2013.1

ISBN 978-7-03-036251-3

Ⅰ. 气…　Ⅱ. 徐…　Ⅲ. 环境影响–环境质量评价–研究–中国
Ⅳ. X820.3

中国版本图书馆 CIP 数据核字（2012）第 303633 号

责任编辑：吕彩霞　张　震／责任校对：宋玲玲
责任印制：徐晓晨／封面设计：无极书装

科学出版社 出版
北京东黄城根北街 16 号
邮政编码：100717
http://www.sciencep.com

北京厚诚则铭印刷科技有限公司 印刷
科学出版社发行　各地新华书店经销

*

2013 年 1 月第 一 版　开本：B5（720×1000）
2017 年 2 月第三次印刷　印张：13 3/4
字数：280 000

定价：100.00 元
（如有印装质量问题，我社负责调换）

前　　言

　　气候变化是当前国际社会最关注的重要议题之一。政府间气候变化专业委员会从 1990 年起先后发布四次评估报告，逐步确认了地球气候正在经历一次以全球变暖为主要特征的显著变化。全球气候变化深刻影响着人类生存和发展，是世界各国共同面临的重大挑战。中国作为一个负责任的发展中国家，对气候变化问题给予了高度重视，成立了"国家气候变化对策协调小组"，制定了《中国应对气候变化国家方案》。2009 年，中国政府正式提出到 2020 年单位 GDP CO_2 排放量在 2005 年的基础上降低 40%～45% 的低碳发展目标，并要求将控制温室气体排放纳入政府中长期发展战略和规划当中。目前有关部门正在研究起草中国的应对气候变化法，修改与应对气候变化相关的各项法律、法规。如何将减缓和适应气候变化的机遇与挑战纳入经济与社会发展的各层面，并鼓励政府、公众、企业、各类组织参与其中，考验着各级决策者的政治远见和政策水平。

　　另一方面，我国从 20 世纪 70 年代中期引入环境影响评价概念至今，经过 30 余年的实践，环境影响评价已成为我国环境与发展综合决策的制度化保障。伴随着环境管理视角的拓展，环境影响评价的内容不断丰富和扩展，经历了从浓度控制到污染物总量控制和环境质量达标、从末端治理到清洁生产和循环经济、从建设项目环境影响评价到区域环境评价和战略环境评价。目前，战略环境评价作为构建环境友好型、资源节约型社会，执行和完善发展战略和决策的重要工具和手段，也应成为推进我国应对气候变化、落实气候变化减缓措施和应对措施的有效工具。拓展战略环境评价的应用范围并融入气候变化是战略环境评价自身技术发展和社会功能拓展的要求，也是推进我国经济社会发展绿色化、低碳化转型，实现我国经济社会又好又快发展的要求。然而，目前国内外尚缺乏以战略环境评价为工具落实气候变化减缓和应对措施的研究成果。

　　战略环境评价作为实用性很强的环境管理工具，必须追踪最前沿的社会经济发展理念并与国家政策相结合，才能发挥其最大功效。近些年来，在科学发展观的指导下，我国已经进入了以环境优化经济增长的历史新阶段，先后提出了生态城市、循环经济、节能减排等发展理念。南开大学战略环境评价研究中心在探索将这些理念融入到战略环评的研究领域已经做了富有成效的系统工作。为了进一步发挥战略环境评价在应对全球气候变化领域的工具作用，在新世纪优秀人才支持计划（NCET-10-0511）、国家社会科学基金重点项目（11AZD103）和中央高校基本科研业务费专项资金（65012501）的资助下，南开大学战略环境评价研究中心在国内较早开展了气候变化新视角下的战略环境评价研究工作并取得了初步的成果。

本书总结了南开大学战略环境评价研究中心多位研究人员的学术成果和学位论文，以减缓和适应两个视角为主线，首先为构建战略环境评价低碳评价技术框架进行基础研究，包括低碳发展目标的内涵分析、战略环境评价融合低碳理念的潜在作用途径分析和碳排放差异性分析；其次开展气候适应性评价在战略环境评价中的评价要点和指标体系，这几部分内容既是并列关系又依次深入；最后重点基于构建的技术框架开展实践验证，对于我国气候变化积极应对和战略环境评价功能完善都具有较好的理论研究价值和较强的现实意义。

本书由南开大学战略环境评价研究中心的徐鹤、白宏涛、吴婧和乔盛共同编写完稿。参与本书编写工作的人员还包括丁洁、王会芝和刘佳等研究生。在此，我们向所有为本书付出努力的人员表示诚挚的感谢。

本书在编写过程中参考了不少相关领域的文献，引用了国内外许多专家和学者的成果以及图表资料，谨此向有关作者致以谢忱。

限于我们的知识修养和学术水平，本书难免存在一些不足和疏漏之处，恳请广大读者批评和指正。

作　者
2012 年 10 月

目　　录

1

绪　　论

　　气候变化是目前国际社会最关注的重要议题之一，应对气候变化已经成为我国社会经济发展所面临的必然选择。中国于 2007 年成立了以温家宝总理为组长的国家应对气候变化领导小组，负责制订国家应对气候变化的重大战略、方针和对策，协调解决应对气候变化工作中的重大问题。同年 6 月，中华人民共和国发展和改革委员会（简称国家发改委）发布了《中国应对气候变化国家方案》，明确了到 2010 年中国应对气候变化的具体目标、基本原则、重点领域及其政策措施。中国政府于 2009 年年底正式提出到 2020 年单位 GDP CO_2 排放量在 2005 年的基础上降低 40%~45% 的低碳发展目标，并要求将控制温室气体排放纳入政府中长期发展战略和规划当中。战略环境评价作为构建环境友好型、资源节约型"两型"社会，执行和完善发展战略和决策的重要工具和手段，也将成为推进我国应对气候变化、落实气候变化减缓措施和应对措施的有效工具，因此将气候变化纳入战略环境评价具有重要的意义。然而，目前国内外尚缺乏以战略环境评价为工具落实气候变化减缓措施和应对措施的研究成果。本书对我国目前战略环境评价和气候变化的研究现状进行了总结分析，深入探讨气候变化因素融入战略环境评价的理论基础及工作框架。

1.1　全球气候变化

1.1.1　气候变化

　　所谓气候变化，《联合国气候变化框架公约》（United Nations Framework Convention on Climate Change，UNFCCC）将其定义为："经过相当一段时间的观

察，在自然气候变化之外由人类活动直接或间接地改变全球大气组成所导致的气候变化。"该定义将因人类活动而改变大气组成的"气候变化"与归因于自然因素的"气候变化"区分开来。在政府间气候变化专门委员会（Intergovernment Panel on Climate Change，IPCC）的定义中，气候随时间的任何变化，无论其原因是自然变率，还是人类活动的结果，都属于气候变化的范畴。由于国际社会对于人类活动导致气候变化的影响机制尚存争议，因此 IPCC 的定义更为普遍接受。

世界气象组织和联合国环境规划署联合成立的政府间气候变化专门委员会从1990 年起先后发布四次评估报告，逐步确认了地球气候正在经历一次以全球变暖为主要特征的显著变化，根据全球地表温度器观测资料，近年来气候系统变暖已经成为毋庸置疑的客观事实。自 1906~2005 年的 100 年间，地球表面的温度线性趋势为 0.74℃，这一趋势大于 IPCC 第三次评估报告的 1901~2000 年的变化趋势，说明全球气候变暖的趋势正在日益加大。从图 1.1 可以清楚地看出，在过去100 多年间，全球温度呈明显上升趋势。同时，根据美国国家海洋和大气管理局（National Oceanic and Atmospheric Administratien，NOAA）每年九月份对北极冰川监测调查的数据显示（图 1.2），在全球变暖的背景下，北极圈冰川面积在逐渐减少。

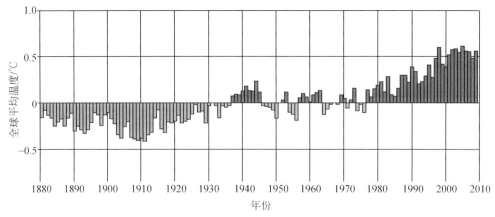

图 1.1　全球平均温度异常值的变化情况
资料来源：NOAA，2011

据相关资料显示，2010 年全球气候极端事件频发。由此可见，气候变化的影响是全球性的，对全球自然环境和人类生存环境造成了诸多不利影响。最新数据也表明，2010 年全球气温异常明显，陆地与海洋平均温度已经达到了 130 多年来的最高值，如表 1.1 所示。

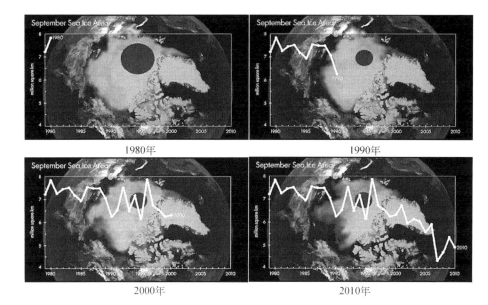

1980年　　　　　　　　　　　1990年

2000年　　　　　　　　　　　2010年

图 1.2　北极冰川面积变化趋势

资料来源：NOAA，2011

表 1.1　2010 年全球气温异常状况

地区		全球气温年均异常值		在 1880~2010 年的排名	最高或次高纪录		
		℃	℉		年份	℃	℉
全球							
	陆地	+0.96 ± 0.11	+1.73 ± 0.20	2nd 最暖年①	2007	+0.99	+1.78
	海洋	+0.49 ± 0.06	+0.88 ± 0.11	3rd 最暖年②	2003③	+0.51	+0.92
	陆地与海洋	+0.62 ± 0.07	+1.12 ± 0.13	最暖年	(1998)	+0.60	+1.08
北半球							
	陆地	+1.08 ± 0.14	+1.94 ± 0.25	2nd 最暖年	2007	+1.15	+2.07
	海洋	+0.51 ± 0.07	+0.92 ± 0.13	3rd 最暖年④	2005	+0.53	+0.95
	陆地与海洋	+0.73 ± 0.10	+1.31 ± 0.18	最暖年	(2005)	+0.72	+1.30
南半球							
	陆地	+0.65 ± 0.06	+1.17 ± 0.11	5th 最暖年⑤	2005	+0.81	+1.46
	海洋	+0.49 ± 0.06	+0.88 ± 0.11	5th 最暖年	1998	+0.54	+0.97
	陆地与海洋	+0.51 ± 0.06	+0.92 ± 0.11	6th 最暖年	1998	+0.57	+1.03

　　注：①与 2005 年并列 2nd 最暖年；②与 2005 年并列 3rd 最暖年；③与 2005 年并列最暖年；④与 2003 年并列 3rd 最暖年；⑤与 2003 年并列 5th 最暖年

　　资料来源：NOAA，2011

IPCC 系列报告的最新研究成果指出，近 50 年来的全球气候变暖"很有可能"主要是由人类活动引起的：化石能源燃烧和毁林等导致大气中温室气体浓度大幅上升，从而导致气候变暖、海平面上升、灾害天气增加、人类生存环境恶化等一系列后果，并强调到 2050 年必须将大气中 CO_2 浓度控制在一定的水平内，才可能避免发生极端气候变化后果。在过去的五十多年里，全球大气中 CO_2 浓度已经发生了惊人的变化，图 1.3 显示了大气中 CO_2 浓度的上升趋势。在我国，中国气象局的高云、毛留喜等通过过去 50 年的观测也判断出气候变暖的原因大部分可归结于人类活动，同时提出 20 世纪 90 年代是近千年以来最暖的 10 年。现在已有相关的研究和预测表明，气候变化还会进一步加剧，到 21 世纪末，全球地表平均气温还将上升 1.4℃，同时冰川融化、海平面上升、洪涝、干旱、高温、沙尘暴等极端气候事件出现频率和强度都有加剧的趋势。

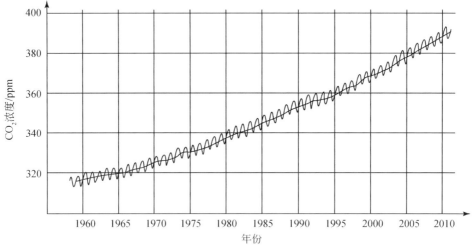

图 1.3　1960～2010 年全球大气 CO_2 浓度变化情况

资料来源：NOAA，2011

1.1.2　气候变化研究进展

国外方面，对由人类活动引起的气候变化的研究早在 1827 年就开始了。1827 年法国科学家 Fourier 就指出，大气与温室的玻璃有相同的物理作用；后来 1896 年瑞典化学家 Arrhenius 研究了温室气体增加可能造成的气候变暖，认为如果大气中的 CO_2 浓度增加 1 倍，全球平均温度可能上升 5~6℃；1940 年英国的

G. S. Callander 首先计算了燃烧矿物燃料所增加的 CO_2 可能造成的气候变暖，但是当时正处于第二次世界大战时期，人们没有顾及到这个问题。20 世纪 50 年代是战后经济恢复时期，而这时北半球的温度开始缓慢下降。所以，虽然有一些人注意到 20 世纪 40 年代的升温，但并未引起广泛的关注。北半球气温下降大约持续到 20 世纪 70 年代中，此后全球气温迅速回升，而且，从 1958 年到 20 世纪 70 年代后期已经积累了大约 20 年的 CO_2 浓度观测记录，这个记录表明 CO_2 浓度持续增加。在这种情况下，1972 年 2 月在日内瓦召开了第一次世界气候大会（the First World Climate Conference，FWCC），在这次会议上，制定了世界气候计划（World Climate Programme，WCP）及其 4 个子计划：世界气候研究计划（World Climate Research Programme，WCRP）、世界气候影响计划（World Climate Influence Programme，WCIP）、世界气候应用计划（Wold Climate Application Programme，WCAP）及世界气候资料计划（World Climate Data Programme，WCDP），揭开了全球气候研究的序幕。在 1992 年 6 月里约热内卢举行的联合国环境与发展大会上，各国政府达成共识，需经过全人类的共同努力解决全球变暖问题，160 多个国家签署了《联合国气候变化框架公约》，该公约为采取减缓和稳定气候变化的行动制定了议事日程。1997 年各国政府在防止气候变化不利影响的进程中又迈出更远的一步，通过了《联合国气候变化框架公约·京都议定书》，为工业国家制定了减排温室气体的目标。《京都议定书》被认为是全人类对付全球气候变化的里程碑，它为以后制定相关的国际法律文书奠定了基础。但是《京都议定书》并非一个完善的法律文书，存在许多问题和缺陷。早在 1988 年，世界气象组织（World Meteorological Organization，WMO）与联合国环境署（United Nations Environment Programme，UNEP）联合成立了政府间气候变化专门委员会，即 IPCC。该组织于 1990 年、1995 年和 2001 年相继完成了三份全球气候评估报告，这些报告已成为国际社会认识和了解气候变化问题的主要科学依据。2007 年，IPCC 公布了第四份气候变化评估报告。这份报告是 IPCC 组织世界上最优秀的科学家通过合作研究给出的科学结论，是人类社会关于气候变化的最新知识，具有权威性。2007 年，气候变化问题陡然升温，在当年年初的达沃斯世界经济论坛年会上，气候变化超过恐怖主义、阿以冲突、伊拉克问题，成为压倒一切的首要问题。同年 4 月，联合国大会首次对气候变化与安全问题进行了讨论。2009 年 12 月，在哥本哈根气候变化大会上，经过马拉松式的艰难谈判，达成不具法律约束力的《哥本哈根协议》。这份有 12 项内容的协议指出，气候变化是当前面临的主要挑战之一，各国强调将通过强大的政治意愿，根据"共同但有区别的责任"原则，紧急应对气候变化。

　　国内方面，早在 1990 年，我国就成立了应对气候变化的相关机构，1998 年组建了国家气候变化对策协调小组，统一协调相关政策和行动。为了加强对气候变化工作的领导，2007 年成立了以温家宝总理为组长的国家应对气候变化领导小组，负责制订国家应对气候变化的重大战略、方针和对策，协调解决应对气候变化工作中的重大问题。同年 6 月，国家发改委发布《中国应对气候变化国家方案》，明确了到 2010 年中国应对气候变化的具体目标、基本原则、重点领域及其政策措施。在 2008 年国务院机构改革过程中，国家发改委成立了应对气候变化司，承担领导小组的具体工作。

综上所述，国际社会针对气候变化采取了诸多应对措施，表 1.2 和表 1.3 对国内外应对气候变化的大事记进行了整理。

表 1.2　国际社会应对气候变化重要举措

年份	国际社会应对气候变化重要举措
1992	《联合国气候变化框架公约》通过
1994	《联合国气候变化框架公约》于 3 月 21 日正式生效，成为意义最为深远的国际法律文书
1997	《京都议定书》制定
2001	3 月布什政府宣布拒绝批准《京都议定书》
2005	《京都议定书》正式生效，人类历史上首次以法规形式限制温室气体排放
2006	《斯特恩报告》发布，全球以每年 GDP 1% 的投入，可以避免将来每年 GDP 5%～20% 的损失，呼吁全球向低碳经济转型
2007	《与发达国家后续承诺期减排潜力和可能减排目标相关的综合信息》汇总主要发达国家与减排潜力相关的人口、经济、能源、排放等方面的指标和数据
2007	美国前副总统戈尔获得诺贝尔和平奖
2007	《巴厘岛行动计划》通过
2009	联合国环境署发布《全球绿色新政》的报告，号召各国发展低碳产业
2009	联合国气候变化峰会在纽约联合国总部举行
2009	主要缔约方达成了《哥本哈根协议》
2010	联合国举行波恩会议

表 1.3　中国应对气候变化重要举措

年份	中国应对气候变化重要举措
1990	国务院专门成立了"国家气候变化协调小组"
1992	中国成为联合国《联合国气候变化公约》的缔约国之一
1997	12 月 11 日中国加入《京都议定书》
1998	组建了 13 个部门参与的国家气候变化对策协调小组
2007	国家发展和改革委员会出台的《中国应对气候变化国家方案》对外发布

年份	中国应对气候变化重要举措
2007	国家发展和改革委员会同有关部门制定《节能减排综合性工作方案》印发
2008	成立国家发展和改革委员会应对气候变化司
2008	发布《中国应对气候变化的政策与行动》白皮书
2008	中国提出"人均累计排放"的概念
2009	国家主席胡锦涛出席联合国气候变化峰会
2009	正式对外宣布，决定到 2020 年单位 GDP CO_2 排放比 2005 年下降 40% ~ 45%，并纳入国民经济与社会中长期发展规划
2009	温家宝总理参加哥本哈根气候变化领导人会议
2010	国家发展和改革委员会发出《关于开展低碳省区和低碳城市试点工作的通知》
2010	首次承办联合国气候变化会议——天津峰会
2011	国家发展和改革委员会应对气候变化司向全国公开征求《应对气候变化法》意见

　　学术研究方面，通过对近几年相关文献的梳理和分析发现，研究重点主要集中在气候变化对能源资源的影响、对人类生产生活的影响、气候变化发展趋势、适应及减缓措施、发展低碳经济以应对气候变化、加强相关立法等几个方面。具有代表性的有：1999 年，Andrew White 等人较早的对气候变化对生态系统的影响进行了系统的研究。2003 年，张云霞、王铁宇较早地论述了全球气候变化的现状和趋势，以及对我国水、森林和土地等自然资源的影响。于淑秋（2005）、尹云鹤等（2009）对气象数据进行了统计分析，模拟了过去五十多年来我国各项气候指标的变化趋势，并通过模型预测等方法获得未来气候变化的趋势。2008 年，胡鞍钢、管清友论述了中国作为世界第一大煤炭消费国和 SO_2 排放国在应对气候变化方面的出路，以及在技术、经济、政治、国际合作方面的可行性。同年，赵黛青、廖翠萍深入探讨了气候变化对我国能源的影响，提出通过产业结构与能源结构调整、提高能源效率等措施降低我国经济的碳强度。2009 年，杨笛针对我国气候变化立法及其缺陷，阐明了我国应尽快制定一部针对《气候变化框架公约》及相关国际气候制度法律文书，同时借鉴发达国家气候变化的立法经验，提出了气候立法的原则、阶段和具体措施办法。2010 年，郑国光分析了哥本哈根气候大会之后我国应对气候变化面临的新形势和新任务，提出要进一步将应对气候变化工作纳入法制化轨道。同年，黄永忠指出我国城市面对气候变化的脆弱性已逐步显现，应该将应对气候变化作为城市治理和管理的基本目标，通过减缓和适应战略构建气候变化适应性城市，从而实现我国城市的可持续发展。复旦大学的张梓太（2010）对我国应对气候变化立法框架进行了探讨，认为我国的气候相

关立法应该分为综合性应对法、减缓性立法以及适应性立法三个体系，这是我国气候相关立法迈出的重要一步。梁燕君（2010）、彭近新（2009）等论述了我国走低碳发展之路以应对气候变化的必然性。我国学者李克平（2010）等以及英国学者 David Jaroszweski 等（2010）、Greg Marsden 等（2010）详尽地论述了气候变化对交通的影响，对交通领域如何应对气候变化进行了探讨。陆晓召（2010）通过对交通系统碳排放情况和能源消费情况的统计分析，提出合理的能源消耗结构调整和碳排放分配方案，论述了交通领域应对气候变化的可行性。2011 年，在影响评价相关方面，荷兰的 Detlef. van Vuuren 等介绍了以情景分析为基础的气候变化适应和减缓水平的评估方法，具有一定的借鉴意义。

国内外对气候变化的研究深入、细致、系统地探讨了气候变化对自然资源、人群健康以及社会经济发展产生的影响，并开发了风险评估、情景分析等多种模型与方法来评估或预测即将出现的气候变化影响，以寻找到更多、更好的减缓和适应措施。

1.1.3　气候变化的影响

受人类认识水平和分析工具的限制，目前人们对气候变化影响的评价尚存在较大的不确定性。但是不可否认，随着大气中温室气体的快速增加，超出正常水平的地球表面温度正在对自然环境和人类环境造成不利的甚至是灾害性的影响，如图 1.4。我国是人口众多、经济发展水平较低、能源结构以煤为主、应对气候变化能源相对脆弱的发展中国家，随着城镇化和工业化进程的不断加快以及居民用能水平的不断提高，我国在应对气候变化方面面临严峻挑战。

1.2　战略环境评价

1.2.1　战略环境评价的内涵

自工业革命以来，全球大规模的城市化和工业化进程使得环境污染的影响范围由局部扩大到区域。20 世纪 40 年代后出现的第一次环境问题高潮，促使人们认识到必须借助更为积极和科学的手段在发展经济的同时保护人类赖以生存的生态环境。1964 年在加拿大召开的国际环境质量评价学术会议首次提出了"环境影响评价"（environmental impact assessment，EIA）的概念。我国自 20 世纪 70

图 1.4　全球气候变暖可能引起的影响实例
资料来源：IPCC，2007

年代末期开始 EIA 的研究和实践探索，1978 年通过的《中华人民共和国环境保护法（试行）》确立了我国的 EIA 制度。与环境质量评价不同，EIA 是对拟议中的人类重要决策和开发建设活动，可能对环境产生的物理性、化学性或生物性作用及其造成的环境变化和对人类健康和福利的可能影响，进行系统的分析和评估，并提出减少这些影响的对策措施。可见，EIA 强调的是对"可能的环境影响"进行预测评价的过程，突出了其预防潜在环境问题的功能。

　　20 世纪 80 年代出现的第二次环境问题高潮以区域性甚至全球性的环境问题为特征，其对人类社会的危害性也超过了局部性的环境污染事件，从而促使 EIA 的对象由建设项目扩展到区域性的计划、规划和政策等层次。Therivel 等（1992）认为，战略环境评价（strategic environmental assessment，SEA）就是 EIA 在政策、计划和规划层次上的应用。关于 SEA 的产生，一般认为其内因是传统建设项目

EIA 的局限性，在该方面我国学者已有较为系统的分析成果。例如徐鹤等（2001）研究指出，项目 EIA 未能充分考虑多个项目的累积影响，或一个项目所包含的子项目或附加开发项目所引起的累积影响，也难以全面考虑替代方案和减缓措施等。同时，20 世纪 80 年代以来，世界上大多数国家都在努力将可持续发展理念融入其规划体系，并将其作为编制规划的核心目标。可持续发展的提出也成为促进了 SEA 发展的重要外因：政策和规划过程自身日益受到可持续发展理念的影响，而 SEA 则被看做是落实可持续发展理念的一种重要工具。

国际上，SEA 被认为是对政策、计划或规划及其替代方案的环境影响进行规范的、系统的、综合的评价过程，并将结果应用于优化决策。发达国家的 SEA 涵盖了政策、计划、规划和法律等社会发展决策的所有层次。在国内，由于我国的环评法只规定了规划环境影响评价（PEIA），即只在规划层面上进行 SEA，因此我国当前 SEA 的开展几乎都集中在"规划"领域，计划、政策的 SEA 鲜有涉及。《中华人民共和国环境影响评价法》（以下简称环评法）对规划层面的 SEA 的定义是"对规划实施后可能造成的环境影响进行分析、预测和评估，提出预防或者减轻不良环境影响的对策和措施，进行跟踪监测的方法与制度"。

我国于 2003 年开始实施环评法，此后国内对 SEA 的研究和实践日趋活跃。国家环境保护总局（现国家环境保护部）发布了《规划环境影响评价技术导则（试行）》（HJ/T 130—2003），对于规划层面 SEA 的评价原则、工作程序、技术要点和主要方法等做了引导性、启发性规定。众多学者和评价技术人员在 SEA 的程序、原则、技术方法等方面开展了大量理论研究和实践工作。通过文献回顾，国内 SEA 的研究重点主要集中于 SEA 的基础理论研究、技术方法学和指标体系的研究、"一地、三域、十个专项"的应用研究、案例研究四部分（表1.4）。

表 1.4　2003～2008 年 SEA 的研究范围和重点领域

研究领域	基础理论研究	方法学研究	应用研究	案例研究
研究重点	SEA 的制度建设，程序框架，困境和建议等	不同方法的介绍以及其在规划中应用和改进	SEA 理论和方法学在"一地、三域、十个专项"的应用研究	不同地区空间规划和行业 SEA 实践研究

在理论研究方面比较有代表性的有，朱坦等（2005）较早总结分析了我国 PEIA 在基础理论研究、国际合作与交流等方面存在的问题并提出建议；余冠明等（2006）从 SEA 的主动性与整体性角度对其战略性特征进行分析；朱坦等（2007）基于 SEA 在我国的理论研究和实践进展，从管理制度上剖析了我国 SEA 的特点、挑战与发展机遇；秦建春等（2007）从法律角度，对 SEA 的发展提出

了相关建议和对策；唐弢（2007）论述了规划层面 SEA 与我国建设环境友好型社会的相互关系，并以此分析了 SEA 的新内涵和功能定位。

SEA 方法学的研究包括宏观和微观两个层次：宏观层次包括 SEA 的评价思路、管理及工作程序等，微观层次则是指在 SEA 各阶段所具体使用的方法。较具代表性的有，张妍和尚金城（2003）探讨了系统动力学在战略环评中的应用，将道斯矩阵（SWOT 分析法）和波士顿矩阵法引入到战略环评中；吴静（2007）探讨了累积环境影响评价在战略环评中的应用；朱俊等（2006）建立与评价相关的基于 GIS 的基础数据平台运用 GIS 的空间分析功能对港区规划的生态环境影响进行分析和评估。由于 SEA 与计划规划的密切关系，将计划和规划的制定方法引入 SEA 也顺理成章，如各种形式的情景和系统模拟分析、投入产出法、投资-效益分析、循环经济、产业生态学等也成为 SEA 方法学的一部分。这些方法的提出和应用，不仅促进了相关规划理论的发展，而且大大丰富了 SEA 评价的方法体系。但是一些方法在用于规划环境影响评价时，还并没有形成统一的标准和依据，在具体方法选择上同样需要根据规划环境影响评价的对象、层次以及主要议题进行选取，目前该类方法还处于探索阶段。

通过对 SEA 概念发展的分析（表 1.5）可以看出，前期的研究关注 SEA 区别于 EIA 的评价对象，即拟议政策、规划和计划的环境影响，后期则开始注重拓展 SEA 的应用范围，认为 SEA 的评价要素不应局限于单纯的环境影响，还应包括社会、经济等与可持续发展相关的其他方面的影响。SEA 的性质也不再是单纯的环境影响评价工具，而是辅助决策的有效工具。Bina 总结了未来 SEA 社会功能的发展方向：①从传统的评价目标向包含了政策制定程序及其政治环境的更广阔的视角转换，对决策过程给予特别的关注；②愈加集中于促进可持续发展，本质上要求自然科学与人文科学的结合，实现对话式的、相互反馈的评价过程；③不是仅仅强调 SEA 过程的影响评价，更关注 SEA 与战略规划制定过程的融合及其贡献。

表 1.5　四种有代表性的 SEA 定义表述

主要作者	时间	定义
Therivel, et al.	1992	对一项政策、计划和规划及其替代方案的环境影响进行正规的、系统的和综合的评价过程，包括编制书面报告，将评估结果应用于可公开说明的决策过程
Sadler, Verheem	1996	评估拟议政策、规划或计划行为可能产生的环境后果，以确保在决策的早期合适阶段充分、恰当地将这些环境后果和经济、社会影响一并考虑的系统过程

主要作者	时间	定义
Partidario	1996	在制定决策的早期阶段，对与政策、计划、规划或拟建项目有关的开发活动及其替代方案所带来的环境后果和环境质量变化进行评价，以确保相关的自然、经济、社会和政治等因素都得到充分考虑
Brown，Therivel	2000	使负责政策制定的权力机构和决策者能够整体了解并把握政策提议将涉及环境和社会影响的过程

1.2.2　中国 SEA 社会功能的拓展

1.2.2.1　SEA 的基本功能

所谓"评价"是参照一定标准对客体的价值或优劣进行评判比较的认知过程。从定义上理解，SEA 的评价对象是拟议的战略规划，评价客体是拟议的战略规划可能造成的环境影响，所承担的任务是对这种影响进行判断、预测并提出对策等。因此，从哲学角度看，SEA 具有价值判断、价值预测、价值选择和行为导向等四种基本功能。

（1）价值判断功能。评价的基本形式之一，是以人的需要为尺度，对已有的客体做出价值判断。例如，对人的行为做出功利判断和道德判断，对自然风景区做出审美价值判断等。通过判断，可以揭示客体与主体需要的满足关系是否存在以及在多大程度上存在。

（2）价值预测功能。评价的基本形式之二，是以人的需要为尺度，对将形成的客体的价值做出具有超前性的判断。其特点在于，它是在思维中构建未来的客体，并对这一客体与人的需要的关系做出判断，从而预测未来客体的价值。人类通过这种预测而确定自己的实践目标，确定哪些是应当争取的，哪些是应当避免的。应该说，预测功能是 SEA 基本功能中非常重要的一种功能。

（3）价值选择功能。评价的另外一种基本形式，是将同样都具有价值的客体进行比较，从而确定其中哪一个是更有价值，更值得争取的，这是对价值序列的判断，也可以称之为对价值程度的判断。在现实生活中，人们常常面临选择的情势，面临鱼与熊掌不可兼得或两害相权的情势，在这种选择情势中人们必须有所取同时有所舍，这就是评价应具备的选择功能。通过评价而将取与舍在人的需要的基础上统一起来，理智地和自觉地倾向于被选择之物，以使实践活动更加符合目的。

（4）行为导向功能。这是评价最为重要、处于核心地位的功能，以上三种功能都隶属于这一功能。人类活动的理想是目的性和规律性的统一，其中目的的确定要以评价所判定的价值为基础和前提，而对价值的判断是通过对价值的认识、预测和选择这些评价形式才得以实现的。所以也可以说，人类活动目的的确立应基于评价，只有通过评价，才能确立合理的和合乎规律的目的，才能对实践活动进行导向和调控。

综上所述，评价具有判断、预测、选择和导向四种基本功能，这是 EIA 和 SEA 的哲学依据。SEA 的概念、内容、方法、程序以及决策等，无不带有该依据的影子。从另一个角度看，SEA 的哲学依据也是衡量 SEA 实践活动有效性的重要标准，我们应不断地运用这个哲学依据，发现 SEA 的不足，不断地充实和发展 SEA，逐步使其顺应社会的要求，实现可持续发展。

1.2.2.2　SEA 的社会功能

中国是发展中国家，优先发展经济以提高人民的生活水平是我国政府一直以来的工作重心。这种以经济效益为核心的传统发展方式往往注重的是眼前的、直接的经济效益，以往的决策者没有或者很少考虑环境效益，结果不可避免的发生了环境污染和生态破坏，导致经济发展与环境保护的尖锐对立。也正是在这种传统发展观的指导下，中国以往的很多战略规划往往都是单一的追求经济效益，忽视环境后果，从而损害了规划的科学性。在不断反思自身行为的过程中，中国政府近些年来不断调整经济发展与环境保护的关系，明确要求"从重经济增长轻环境保护转变为保护环境与经济增长并重，把加强环境保护作为调整经济结构、转变经济增长方式的重要手段"。为了实现这种以保护环境优化经济增长的发展方式，中国政府先后提出了诸如生态城市、两型社会（资源节约型和环境友好型社会）、循环经济等发展理念，并要求将其纳入各级政府的国民经济与社会发展的战略规划当中。在这种时代机遇下，SEA 作为环境管理的重要手段，被赋予了更多的社会功能与使命。

通过对 SEA 内涵的分析，SEA 的现实功能可以通俗的理解为将环境因素纳入社会发展战略规划的制定和决策过程，帮助规划制定者和决策者更好的协调环境保护和经济发展的关系，以确保未来的经济发展满足环境质量标准的要求。可以说，SEA 最基本的社会功能就是将环境质量标准融入战略规划的制定和决策过程。因此，新时期 SEA 首要的社会功能是成为衡量区域和行业规划是否环境友好的重要标尺。

    然而，生态城市、两型社会和循环经济等发展理念不仅仅涉及环境的因素，SEA 也不应局限于单纯的环境影响，还应包括与可持续发展相关的其他方面的影响因素。因此，唐弢（2007）在深入剖析环境友好型社会内涵的基础上研究指出，SEA 要成为实施宏观调控、转变传统经济发展方式的重要保障，促进区域和行业发展合理布局、优化规模的决策依据，推进循环经济发展和生态城市建设的有效途径，也是公众参与环境保护与管理的重要渠道和平台。因此，在当前的时代背景下，SEA 应被视为将可持续发展的因素纳入战略规划的制定和决策过程，肩负着从社会、经济和环境等各方面完善战略规划和优化决策的社会新功能。

    CO_2 虽然在我国还未被认定为环境污染物，但是大量的碳排放而产生的温室效应和全球变暖却影响着全人类的可持续发展进程。低碳发展作为我国转变经济发展方式的路径选择，也符合 SEA 社会功能的要求。因此，借助 SEA 工具将碳减排目标和低碳理念融入社会发展的战略规划中，从而有效推进我国的低碳发展，无疑一个双赢的选择。

1.3 将气候因素纳入战略环境评价的研究进展

1.3.1 学术研究

    1996 年，Sadler 提出 SEA 应充分考虑气候变化与生物多样性丧失之间的长期影响。同年，Sadler 在影响评价专家及国际组织的帮助下进行了环境评价有效性方面的研究，认为影响评价中的全球变暖的研究应尽快提上日程，具体包括：①联合国大会中应将应对气候变化和生物多样性保护作为单独的议题；②研究开发相关气候变化导则以促进环境评价有效的实施；③最大程度利用已有的影响评价方法和程序；④探讨更多将气候变化纳入影响评价的方法和途径；⑤在程序设计和实际应用中要重点考虑气候变化与生物多样性的具体特性。该研究整体上基于环境评价与气候变化两个领域，Sadler（1996）认为 SEA 可以通过识别主要的温室气体排放源（尤其是能源和交通规划）来起到环评中的早期预警作用，从而促进替代方案中对此给予足够的考虑。该项研究更多的关注减缓措施，而不是适应措施，这是 2000 年以前该领域研究的一个主要特点。

    1997 年 Shillington、Russell 以及 Sadler 在《环境评价应对气候变化导则》一书中推荐了一种环境评价程序中融入气候变化的方法。这是最早的气候变化融入环境评价的理论和实践研究，它虽然研究的是环境评价，但很多理论和实践同样适用于 SEA。Shillington 详细探讨了在环境评价各阶段如何考虑气候因素。1997 年 Dalfelt 和 Nass 在《气候变化与环境评价：非洲发展问题》报告中对发展中国家的气候变化与环境评价问题进行了阐述，重点关注了非洲的能源和林业领域，同时对 EIA 和 SEA 应对气候变化的优缺点进行了比较，结论是 SEA 比 EIA 更适于作为应对气候变化的工具，优势主要表现在：①更早的考虑气候变化问题；②更具有整体性和战略性；③可以将气候变化与政策目标联系起来；④促进了区域合作；⑤更注重气候变化诱因而不是仅仅关注影响。1999 年 George 在环境评价（environmental assessment，EA）推动可持续发展的研究过程中提出，应将温室气体排放作为 EA/SEA 中的 18 个可持续性评价标准之一。

2001 年 Thomas Fischer 在一篇报告中对英国、荷兰以及德国的 36 个政策、计划、规划（policy，plan，programme，PPS）进行了评估，结果表明进行过 SEA 的交通规划以及土地利用规划中会更多的考虑气候变化因素。2003 年加拿大环境评价署（Canadian Environmental Assessment Agency，CEAA）对于"气候变化与 SEA"也进行了详细的阐述。2002 年 Zakkour、Gaterell、Griffin、Gochin，以及 Lester 在研究水资源利用的可持续能源战略中提出，SEA 应该让决策者清楚地认识到全球变暖的环境影响。2003 年 Poulsen 和 Hansen 在污水处理 SEA 研究中，创新性地提出了将全球变暖影响作为替代方案评价的一个部分来考虑。2005 年 Kirwan 的硕士论文研究了英国《战略环境评价与气候变化——实践者导则》颁布实施一年后的效果和意见反馈，成果显示该导则尚未被广泛的熟知和应用，实践者们更多的还在寻找案例研究示范和气候变化指标体系。于是 Kirwan 尝试性地研究编制了一套 SEA 的气候变化指标，其中 5 个最重要的指标就是：温室气体排放量、气温、季节性降雨量、新型建筑的平均能源利用效率以及交通工具行车里程数。2008 年 Noble 和 Christmas 通过农业温室气体减缓案例研究初步提出了一套融入气候变化的 SEA 方法学框架。2008 年 Wilson 和 Piper 在欧洲生物多样性空间规划研究中，推荐将 EIA 和 SEA 作为应对气候变化的工具和手段。2009 年 Carter、White 和 Richards 探讨了在气候变化的背景下 SEA 和战略评估（strategic assessment，SA）在管理洪涝风险中的作用，结果表明 SEA 和 SA 可以有效缓解气候变化加剧的洪涝风险。

1.3.2　机构研究

早在 1989 年，美国环境质量委员会（U. S. Council on Environmental Quanlity，USCEQ）出台了一个导则要求联邦政府充分考虑规划、计划水平上的气候变化影响，具体要求包括：各州的改建、扩建及新建项目都必须充分考虑全球变暖的累积影响。1992 年，《联合国气候变化框架公约》就明确指出"在政策及行动中，将气候变化考虑进去，并采用影响评估来尽量减少其对经济、公共健康和环境质量产生的不利影响"。2001 年，欧盟 2001/42/EC 号指令就明确要求成员国实施 SEA 必须充分考虑气候因素的影响。为此，英国环境变化研究所于 2004 年制定并于 2007 年重新修订了《战略环境评价与气候变化：使用者指南》。该指南规定了 SEA 对气候变化因素的评价内容，并详细介绍了气候变化如何融入 SEA 的现状描述、指标选择、预测分析和减缓措施等技术全过程。国际影响评估学会（International Association of Impact Assessment，IAIA）也论述了 SEA 可以有效地将气候变化影响纳入规划政策当中，通过分析碳源碳汇现状，可以预测可能的气候变化以及环境、经济和社会影响。多边发展银行（Multilateral Development Bank，MDB）要求客户国的项目必须实施 SEA 以应对气候变化。2010 年，美国环保署（Environmental Protection Agency，EPA）规定超过 7.5 万 t/a 碳排放量的现有项目和超过 10 万 t/a 碳排放量的新建项目应进行环境影响评价才能允许开工建设。

国际社会已经普遍认识到将应对气候变化纳入 SEA 的必要性和紧迫性，并在完善法规和制定指南方面开展了许多工作。现国际指南如表 1.6 所列。

表 1.6　气候变化与 SEA 国际指南

组织机构	年份	气候变化与 SEA 国际指南
联合国环境规划署（UNEP）	2002	UNEP Environmental Impact Assessment Training Resource Manual，14-Strategic Environmental Assessment
加拿大气候变化与环境评价委员（FPTC）	2004	Incorporating Climate Change Considerations in Environmental Assessment：General Guidance for Practitioners
英国可持续发展咨询中心（ESDCC）	2007	Strategic Environmental Assessment and Climate Change：Guidance for Practitioners
苏格兰环境保护署（SEPA）	2009	Consideration of Climatic Factors within Strategic Environmental Assessment
经济合作组织（OECD）	2010	SEA toolkit：Strategic Environmental Assessment and Adaptation to Climate Change
荷兰环境评价委员会（NCEA）	2010	Tool Kit：Inventory of Tools and Methods，Including SEA

同时，我国的《规划环境影响评价技术导则（试行）》（HJ/T 130—2003）也已明确要求关注全球气候的因素，将减少温室气体排放和气候变化灾害纳入了评价目标。2009 年的《规划环境影响评价条例》指出"规划环评中要分析、预测和评估：①整体影响；②长远影响；③各部门领域利益关系"，气候变化与此三类影响息息相关。2011 年国家环保"十二五"科技发展规划要求"开展基于温室气体排放控制的环境影响评价方法的研究"。2011 年 3 月 1 日，环保部部长周生贤在《探索中国环保新道路要着力构建强大坚实的科技支撑体系》的讲话中，明确指出要开展将气候变化因素纳入环境影响评价指标体系的研究工作，同时要制定新的环境影响评价导则以确保对气候变化因素给予了足够的重视，要在规划环评中将应对气候变化作为评价指标。

1.3.3　实践案例

相关理论研究越来越多，但是实践案例指导却十分缺乏。2007 年加拿大的布鲁克斯拟议发电项目环评对气候变化进行相关考虑，主要包括：①分析了气候变化基准情况和影响评估；②分析了气候变化现状及改变对当地、区域、省内及跨省环境条件的影响；③分析项目对气候因素的敏感性，确定该项目对哪一类气候因素敏感；④分析该项目对区域气候变化的适应性，调整后续应对方案和适应性措施管理。同年英国的区域交通发展规划环评也将气候变化纳入考虑范围，主要包括：①识别对气候变化的影响；②分析《应对气候变化方案》的协调性；③提出减缓和应对气候变化的措施。然而，我国大部分试点和应用案例很少涉及气候变化内容，极少数涉及该问题的案例也仅是简单估算能源或产业结构调整方案的碳排放削减量，并没有形成相应的预测和评价体系。

2

减缓气候变化：低碳理念融入战略环境评价

2.1 低碳发展理念

自改革开放三十多年以来，中国的经济和社会发展取得了举世瞩目的成绩。但是由于发展方式的能源资源密集型特点，中国也逐步成为能源消费大国和温室气体排放大国。2006～2009 年我国能源消耗超过了之前 25 年能耗的总和，煤炭消耗从 15 亿 t 上升到将近 28 亿 t。全球碳排放量在过去的 8 年里增长了三分之一，其中大部分排放来自中国。2007 年中国的 CO_2 排放量已居世界首位，超过美国的 58.2 亿 t。当年中国每建成 $1m^2$ 的房屋，约释放出 $0.8t$ CO_2；每生产 1 度电，要释放 $1kg$ CO_2；每燃烧 $1L$ 汽油，要释放出 $2.2kg$ CO_2。这些数字表明我国的社会经济活动和能源消费处于"高碳消耗"状态。未来 30 年，中国的工业化、城市化将继续处于高速推进阶段，能源、汽车、钢铁、交通、化工和建材等六大高耗能产业必然加速发展，中国为应对气候变化的国际碳排放压力日益增大。进入后京都时代以来，发达国家无视我国等发展中国家经济发展的具体国情和京都议定书制定的"共同但有区别的责任"原则，纷纷要求中国承担相应的减排义务，并以发展低碳经济为名，实施碳关税、技术性贸易壁垒和市场准入等贸易保护主义，限制中国等发展中国家的社会经济发展。特别是作为全球最大的温室气体排放国的美国开始实施"绿色能源新政"，提出从 2012 年起对美国的排污收费，到 2050 年将 CO_2 减排 83%，更是增大了中国碳减排的国际压力。

2007 年 6 月，中国政府发布实施了《应对气候变化国家方案》。同年 9 月 8 日，胡锦涛总书记在亚太经合组织（Asia-Pacific Economic Cooperation，APEC）第 15 次领导人会议上，首次明确主张"发展低碳经济"，研发和推广"低碳能源技术"、"增加碳汇"、"促进碳吸收技术发展"。2009 年 7 月 6 日吴邦国在全国人大常委会上论述发展低碳经济的划时代战略意义，指出发展低碳经济、促进节能减排是应对气候变化和参与国际竞争的客观需要。同年 8 月 12 日，国务院常务会议决定要求发展低碳经济。在 2009 年年底的哥本哈根会议上，中国政府正式提出到 2020 年单位 GDP CO_2 排放量在 2005 年的基础上降低 40% ~45% 的战略发展目标，并要求将控制温室气体排放和应对气候变化目标纳入政府中长期发展战略和规划当中，积极培育以低碳排放为特征的新的经济增长点，加快建设以低碳排放为特征的工业、建筑和交通体系，彰显了我国政府积极应对气候变化和发展低碳经济的坚定立场。

"低碳"，英文名称为 "low-carbon"，顾名思义就是较少的碳排放量、较低的碳排放水平[①]。最早以低碳冠名的重要术语是低碳经济（low-carbon economy），早在 20 世纪 90 年代就出现在国外的文献里，2003 年英国的能源白皮书《我们能源的未来：创建低碳经济》明确提出该概念而迅速为全世界所广泛接受。该书对其的定义可以理解为在保证经济发展的同时尽量减少 CO_2 等温室气体的排放，以应对碳基能源燃烧对于气候变暖影响为基本要求的新型经济模式。随着气候变化问题争论的日渐升温，国内外学术界对低碳的概念和实质都进行了大量的拓展研究，基于不同的内涵理解和研究目的，纷纷提出了诸如"低碳社会"、"低碳产业"、"低碳消费"以及"低碳发展"等新的术语。无论这些术语的提出是基于何种发展目的，但都基于一个共同的出发点，即应对全球气候变化。

随着碳排放目标和低碳经济新概念的提出，中国学术界已经对低碳经济和低碳发展开展了大量的理论研究。作为一个新概念，目前对温室气体排放的描述性概念和以低碳冠名的新术语越来越多，其内涵基本一致，但也存在细微区别。低碳发展，顾名思义就是在经济发展的同时尽量减少 CO_2 等温室气体的排放，以应对碳基能源燃烧对于气候变暖影响为基本要求的新型经济发展模式，是从高碳能源时代向低碳能源时代演化的一种经济发展方式。实际上，全球变暖只是各国推动节能提效、发展清洁能源的动力，即便全球变暖论被否定，也难以改变国际社会发展低碳经济的大趋势。

① 实际上，"低碳"一词最早用于炼钢等生产领域，是描述钢铁等材料中碳元素含量的一种术语，如低碳合金钢等。本书对此不做讨论，重点分析社会经济领域的低碳经济和低碳发展等概念。

2.2 中国低碳发展的内涵

2.2.1 中国的碳排放现状

2.2.1.1 碳源分类

碳源就是温室气体的排放来源。一般将碳源划分为四类，即能源活动、工业生产过程、农业与林业及其土地利用变化、废弃物处置，见图2.1。能源活动排放是指矿物燃料燃烧的 CO_2 和 N_2O 排放、煤炭开采和矿后活动的 CH_4 排放、石油和天然气系统的 CH_4 逃逸排放以及生物质燃料燃烧的 CH_4 排放。工业生产过程的排放源包括水泥、石灰、钢铁和电石生产过程的 CO_2 排放以及己二酸生产过程的 N_2O 排放。农业活动是指稻田、动物消化道、动物粪便管理的 CH_4 排放和 N_2O 排放。土地利用变化和林业的调查范围包括森林和其他木质生物碳储量的变化以及森林转化为非林地引起的 CO_2 排放。城市废弃物处理主要是固体废弃物处理过程以及生活污水和工业废水的 CH_4 排放。其中能源活动是中国最主要的 CO_2 排放源（国家气候变化对策协调小组办公室，2007）。根据《中国温室气体清单研究》，1994 年中国能源活动的 CO_2 排放量为 27.95 亿 t，在全国 CO_2 排放总量中占 90.95%（不计入土地利用变化和林业活动的碳汇吸收），而能源活动的碳排放全部来源于化石燃料燃烧。因此对社会经济碳排放的评价，也主要集中于化石燃料燃烧等能源消费领域，本书认为中国的 SEA 应重点分析能源消费碳排放的特征和影响因素。

2.2.1.2 能源消费碳排放的估算方法

SEA 对碳排放的计量，是从战略层面对拟评战略规划涉及的区域和行业碳排放的审视和评估，因此适合采用自上而下的计算方法，即利用国家官方公布的能源统计数据来计算主要化石燃料燃烧产生的碳排放量。

1）美国橡树岭国家实验室（ORNL）方法

ORNL 估算化石燃料燃烧碳排放的模型较为宏观，对计算参数和数据的要求较低。具体的计算公式为

$$C_{\text{total}} = \sum_i C_i \qquad (式2.1)$$

$$C_i = \alpha_i \times Q_i \times 0.982 \times 0.73257$$

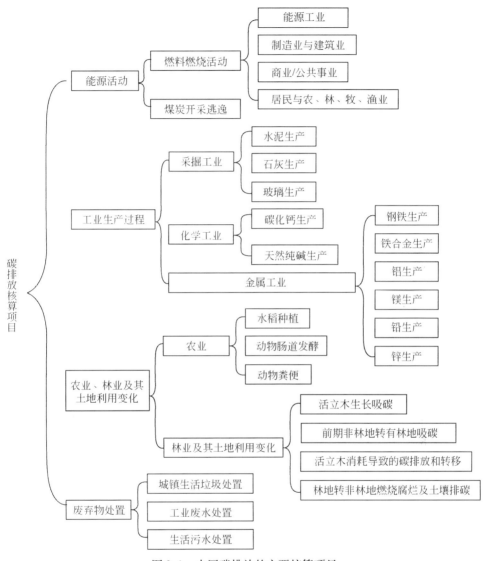

图 2.1　中国碳排放的主要核算项目

式中，C_i 是第 i 类化石燃料的碳排放量；α_i 是在获得相同热能的情况下，第 i 类化石燃料燃烧相对于煤炭释放 CO_2 的倍数；Q_i 是第 i 类化石燃料的消费量（以标准煤当量计）；0.982 是燃烧过程的有效氧化率；0.73257 是每吨标准煤的平均含碳率。

　　为了简化模型，ORNL 将化石燃料分为燃煤、燃油和燃气 3 类（即 i 为燃煤、燃油和燃气），并假设燃油的 α 值为 0.813，燃气的 α 为 0.561。各种化石燃料折合标准煤的参考系数采用《中国能源统计年鉴》的推荐数值。

2）联合国政府间气候变化专门委员会（IPCC）方法

根据 IPCC 推荐的参考方法，碳排放总量可以通过对各类能源消费导致的碳排放估算加和而求得。鉴于本节是对宏观层面的碳排放进行估算，故而采用以详细的一次能源分类为基础的估算公式：

$$C = \sum_i E \cdot \frac{E_i}{E} \cdot \frac{C_i}{E_i} = \sum_i E \cdot S_i \cdot F_i \qquad （式 2.2）$$

式中，E 为中国一次能源的消费总量；S_i 为第 i 类能源占总能源消费的比重；F_i 为第 i 类能源的碳排放系数。i 为中国的一次能源消费种类，包括煤炭、石油、天然气、水电和核电等。

通过查阅相关文献，收集到各类能源消费的碳排放系数见表 2.1。由于至今中国没有公布官方的碳排放系数数据，鉴于权威性和分析比较，本文采用国家发改委能源研究所在其《中国可持续发展能源暨碳排放情景分析》报告书提出的系数为依据进行计算。

表 2.1　三类一次能源的碳排放系数　　　　　　　（单位：tC/tce）

数据来源	煤炭	石油	天然气
DOE/EIA	0.702	0.478	0.389
ORNL	0.72	0.585	0.404
日本能源经济研究所	0.756	0.586	0.449
国家科学技术委员会气候变化项目	0.726	0.583	0.409
国家发改委能源研究所	0.748	0.583	0.444

2.2.1.3　能源消费的碳排放现状

根据 IPCC 的计算公式，能源数据主要采用《中国能源统计年鉴2009》，其他社会经济数据来自《中国统计年鉴2008》。经过计算整理，中国 1990～2008 年能源消费碳排放的基础数据如表 2.2 所示，与 CDIAC（Carbon Dioxide Information Analysis Center，美国二氧化碳信息分析中心）的碳排放数据基本一致。

中国因化石能源消费而产生的碳排放总量较大。1990 年排放总量为 6.673 亿 t，过去近二十年间以平均每年 6.06% 的速度快速增加；到 2008 年全年碳排放达到 18.914 亿 t，成为全球碳排放第一大国。

表 2.2　中国 1990 ~ 2008 年的能源、人口和 GDP

年份	能源消费总量/亿 t	煤炭/%	石油/%	天然气/%	水电/%	核电/%	人口/亿人	1990 年不变价 GDP/亿元	碳排放量/亿 t	人均碳排放量/(t/人)	碳排放强度/(t/万元)
1990	9.87	76.2	16.6	2.1	5.1	0.0	11.43	18 667.80	6.673	0.584	3.575
1991	10.38	76.1	17.1	2.0	4.8	0.0	11.58	20 385.24	7.034	0.607	3.451
1992	10.92	75.7	17.5	1.9	4.9	0.0	11.72	23 279.94	7.388	0.630	3.173
1993	11.60	74.7	18.2	1.9	5.1	0.1	11.85	26 539.13	7.810	0.659	2.943
1994	12.27	75.0	17.4	1.9	5.2	0.5	11.99	30 015.76	8.234	0.687	2.743
1995	13.12	74.6	17.5	1.8	5.7	0.4	12.11	33 287.48	8.763	0.723	2.632
1996	13.52	73.5	18.7	1.8	5.6	0.4	12.24	36 616.23	9.015	0.737	2.462
1997	13.59	71.4	20.4	1.8	5.9	0.4	12.36	40 021.53	8.984	0.727	2.245
1998	13.62	70.9	20.8	1.8	6.1	0.4	12.48	43 143.21	8.983	0.720	2.082
1999	14.06	70.6	21.5	2.0	5.5	0.4	12.58	46 422.10	9.310	0.740	2.006
2000	14.55	69.2	22.2	2.2	5.9	0.4	12.67	50 321.55	9.559	0.754	1.900
2001	15.04	68.3	21.8	2.4	7.1	0.4	12.76	54 498.24	9.756	0.764	1.790
2002	15.94	68.0	22.3	2.4	6.8	0.5	12.85	59 457.58	10.352	0.806	1.741
2003	18.38	69.8	21.2	2.5	5.7	0.8	12.92	65 403.34	12.071	0.934	1.846
2004	21.35	69.5	21.3	2.5	5.9	0.8	13.00	72 009.08	13.984	1.076	1.942
2005	23.60	70.8	19.8	2.6	5.9	0.8	13.08	79 498.02	15.495	1.185	1.949
2006	25.87	71.1	19.3	2.9	5.9	0.7	13.14	88 719.79	17.001	1.293	1.916
2007	28.05	71.1	18.8	3.3	5.9	0.8	13.21	100 253.37	18.404	1.393	1.836
2008	29.14	70.3	18.3	3.7	6.7	0.8	13.28	109 276.17	18.914	1.424	1.731

　　从时间序列进行分析，中国的碳排放增长明显具有阶段性的特征（图 2.2）。1990 ~ 1996 年，碳排放增长率保持在 6.0% 左右，随着经济发展而平稳增长；1997 ~ 2002 年，由于受金融危机和国家产业调整政策的影响，碳排放增速放慢，而 2003 年以后为碳排放的急速增长阶段。但是从总体上看，碳排放总量一直呈增加趋势，并且由于中国正处于社会经济的快速发展时期，能源消费总量还将继续增加，因此未来碳排放总量仍将保持继续上升的趋势。

　　虽然中国的碳排放总量较大，但是人均碳排放量较低，1990 年仅为 0.584t，到 2008 年增加到 1.424t，低于世界平均水平。万元 GDP 的碳排放强度则一直呈

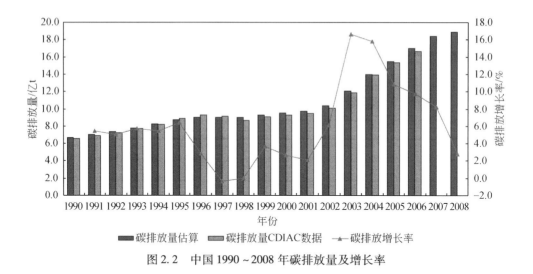

图 2.2　中国 1990~2008 年碳排放量及增长率

下降趋势，由 1990 年的 3.575t，下降至 2008 年的 1.731t，降幅达 51.58%，平均每年下降 3.9%。从强度减排的角度来看，中国由于节能减排工作而产生的碳减排效果十分显著（图 2.3）。

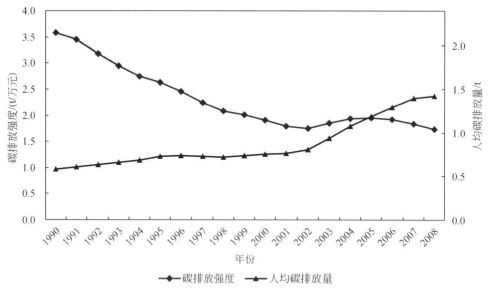

图 2.3　中国 1990~2008 年碳排放强度和人均碳排放量变化

初步分析中国碳排放量持续增加的原因，可归纳为两点：一是经济发展对化石能源的依赖。改革开放以来，中国经济的快速发展是以大量消耗化石能源为代价的。以发电煤耗计算的能源消费总量从 1990 年的 9.87 亿 tce 增加到 2008 年的 29.14 亿 tce，年均增长 6.28%（中国能源统计年鉴 2009）。到 2003 年，中国已经成为仅次于美国的世界第二大能源消费国，当年能源消费占全球能源消费总量的 11%，到 2008 年增加到约 17%。第二，中国是世界上少有的能源消费以煤为主的国家。2009 年的一次能源消费结构中，中国煤炭消费比重高达 70.6%，远远高出 29.4% 的世界平均水平（表 2.3）。而在各类能源消费中，煤炭因为其热值较低，会比石油和天然气产生更多的碳排放。在提供等量热能的情况下，燃煤、燃油和燃气的碳排放量比值为 1：0.813：0.561。这种以煤为主的能源结构给中国的碳减排增加了巨大压力。

表 2.3　世界一次能源消费量及结构

国家/地区	一次能源消费量/M toe	消费结构/%				
		石油	天然气	煤炭	核电	水电
美国	2182.0	38.6	27.0	22.8	8.7	2.9
中国	2177.0	18.6	3.7	70.6	0.7	6.4
俄罗斯	635.3	19.7	55.2	13.0	5.8	6.3
印度	468.9	31.7	10.0	52.4	0.8	5.1
日本	463.9	42.6	17.0	23.4	13.4	3.6
加拿大	319.2	30.4	26.7	8.3	6.3	28.3
德国	289.8	39.3	24.2	24.5	10.5	1.4
法国	241.9	36.1	15.9	4.2	38.4	5.4
韩国	237.5	43.9	12.8	28.9	14.1	0.3
巴西	225.7	46.2	8.1	5.2	1.3	39.2
伊朗	204.8	40.8	57.9	0.7	—	0.6
英国	198.9	37.4	39.2	14.9	7.9	0.6
沙特阿拉伯	191.5	63.6	36.4	—	—	—
意大利	163.4	45.9	39.5	8.2	—	6.4
墨西哥	163.2	52.4	38.4	4.2	1.3	3.7
西班牙	132.6	55.0	23.4	8.0	9.0	4.6
欧盟 27 国	1622.6	41.3	25.5	16.1	12.5	4.6
OECD	5217.1	39.7	25.0	19.9	9.7	5.7
世界	11 164.3	34.8	23.7	29.4	5.5	6.6

注：—表示尚无相关数据

资料来源：王庆一，2010

2.2.2 低碳发展的目的

中国低碳发展的目的是经济发展转型。由于我国正处于工业化的前期和中期阶段，在国际产业链分工中担当低端产品的"世界工厂"角色，因此过去几十年的经济增长主要依靠资源密集型和能源密集型行业的快速发展。但是中国资源能源总量相对不足，但目前却是煤炭、钢铁的世界第一消费大国，能源总量和石油、电力、铝的第二消费大国。据计算，2007～2008年，在中国每建1m² 房屋需要消耗土地0.80～0.83m²、钢材55～60kg、能源0.2～0.3tce、混凝土0.20～0.23m³、墙砖0.15～0.17m³、CO_2排放0.75～0.80t。自2000年以来，中国每年平均房屋竣工面积20亿m²，约消耗6亿tce。而且，从能源结构来看，我国煤炭消费量占世界煤炭消费量的27%，是全世界少有的以煤炭为主的能源消费大国。至今在我国一次性能源生产和消费总量中，煤炭的比重仍高达69%。因此，我国的经济发展与煤炭等传统资源能源供给的矛盾突出，能源安全有可能成为我国未来经济发展的瓶颈。另一方面，在消耗大量资源能源的同时，我国的工业化进程也带来了严重的环境污染问题。以煤为主的能源消费结构在导致能耗高的同时，也带来了以煤烟型污染为主的大气环境污染。以2007年为例，我国的煤炭消费25亿t，同时SO_2排放2500万t、COD排放1200万t。我国目前正处于工业化中期的快速发展期，工业化和城镇化进程将加速，经济社会不断发展与能源约束和环境污染的矛盾日益突出。

面对国际碳减排压力和国内资源能源瓶颈，在科学发展观的指导下，积极推进经济发展转型成为我国政府的必然选择。2009年党的十七届四中全会首次提出了"转变经济发展方式"的口号，这与之前所提的"转变经济增长方式"有着本质上的区别，从而将我国的发展观念由"浅绿色"向"深绿色"拓展[①]。而低碳发展的实质在于促进能源的高效利用、推进区域的清洁发展、促进产品的低碳开发和维持全球的生态平衡。从广义上讲，低碳经济也可以扩展为一种以经济发展和生态环境保护双赢为目标的新型经济发展模式，体现为碳生产率、社会发展水平与生活质量均处于较高水平，最终促使人类文明由工业文明向生态文明的

[①] 浅绿色的环境观念就环境论环境，较少探究工业化运动以来的人类发展方式是否存在问题，其结果是对旧的工业文明的调整或补充；而深绿色的环境观念，洞察到环境问题的病因藏匿于工业文明的发展理念和生活方式之中，要求从发展的机制上防止、堵截环境问题的发生，因而它更崇尚人类文明的创新与变革（诸大建，2001）。

转变。吴邦国在全国人大常委会上论述低碳经济时就指出，发展低碳经济、促进节能减排是落实科学发展观、实现可持续发展的内在要求，也是我国结构调整、产业升级的主攻方向。借助此次国际金融危机和应对气候变化的契机，推动我国经济发展向低碳模式转型，寻找新的经济增长点，无疑是我国经济发展转型的不二选择。

可见，我国推进低碳发展是应对全球气候变化、减缓国际压力的需要，是应对新一轮的国际竞争、占领低碳产业先机的需要，也是应对国内资源能源瓶颈、改变我国当前高能耗高排放的经济发展模式的需要。并且，低碳发展与我国之前提出的生态经济、循环经济和绿色经济等发展理念是一脉相承的，都是基于自然环境不断恶化，经济的高速发展已逐渐接近甚至超过资源环境承载力的大背景下，人们在不断寻求经济与环境协调和谐发展的过程中产生的。不同的理念，研究侧重点有所差别。低碳发展主要以碳排放水平作为主要衡量尺度，通过提高能源利用效率以及调整能源结构等一系列措施，以期降低 CO_2 的排放量，从而减缓气候变暖的趋势，可以说它是可持续发展理念在当前气候变暖的严峻形势下具体化、形象化的体现，是当前追求经济发展与生态环境协调共生的有效手段。因此，基于低碳发展目标的 SEA 要始终以减少碳排放为手段，以促进区域的经济发展转型为核心，充分吸收我国在推进循环经济、生态经济和绿色经济发展过程中的有益经验，在保证经济发展的同时推动区域的社会经济发展向低碳化转型。

2.2.3　低碳发展的途径

中国低碳发展的途径是强度减排。

2.2.3.1　强度减排是中国经济发展的要求

既然中国未来几年的碳排放总量仍将增加，而低碳发展的根本目的是经济发展的低碳化转型，因此选择中国低碳发展的衡量指标就尤为重要。当前应用较为广泛的低碳指标有碳排放总量、人均碳排放量、单位 GDP 碳排放强度等。碳排放总量最能体现碳排放的现状，但是从排放空间是社会公共资源这一角度分析，碳排放总量不能反映人类生存权利的公平性问题。人均碳排放体现了人类生存、发展和利用自然资源的平等权利，也体现了人类伦理精神和国际人权宣言的宗旨，也是很多发展中国家所支持的衡量指标。单位 GDP 碳排放强度是碳排放量与经济产出的比率，这种方法允许排放量随经济产出上升或降低，从而使其对经济的影响最低。碳排放强度的衡量指标可以保证有限的碳排放空间达到产出的最大化。

鉴于我国低碳发展的实质和目的，我国政府提出的碳减排目标是基于碳排放强度的衡量指标，即 2020 年我国单位 GDP 的 CO_2 排放量在 2005 年的基础上降低 40% ~45%。这个指标比"人均排放量"要更符合我国的需求，它更清楚地涵盖了兼顾经济发展与减少排放两个方面的要求。在这个概念下，中国需要做的是在生产环节厉行节约和降低能耗，发展各种绿色能源技术，同时保持经济的快速增长。

实际上，以强度减排为途径的低碳发展更加体现鼓励发展的原则。从理论上进行分析，碳排放强度的下降率不仅取决于碳排放量对 GDP 的比率（即弹性），而且与 GDP 的增长率直接相关。

下面用数学推理来进行分析。

设 G 为 GDP 总量，β_g 为 GDP 年增长率，Q_c 为当年的碳排放总量，β_c 为碳排放的年增长率，I_{gc} 为 GDP 的碳排放强度，ε_c 为碳排放增长对 GDP 的弹性，γ_{gc} 为碳排放强度年下降率，则

$$\gamma_{gc} = \Delta I_{gc}/I_{gc} = -\{Q_c(1+\beta_c)/[G(1+\beta_g)] - Q_c/G\}$$
$$/(Q_c/G) = [\beta_g/(1+\beta_g)](1-\varepsilon_c) \qquad （式2.3）$$

因此，对于相同的碳排放弹性 ε_c，GDP 增长率 β_g 越高，排放强度下降率越大，这就要求区域的低碳发展必须以经济的高速发展为基础；其次，实现碳排放强度下降的必要条件是碳排放对 GDP 的弹性 $\varepsilon_c < 1$，即只要经济增长速度大于碳排放的增长速度，即可实现碳排放强度的下降，并且这种弹性越小，碳排放强度下降的越快；第三，若要实现碳排放量的绝对下降，即 $\beta_c < 0$，$\varepsilon_c = \beta_c/\beta_g < 0$，则 $\gamma_{gc} > \beta_g/(1+\beta_g) \approx \beta_g$，即碳排放强度的下降率应大于 GDP 的增长率，才能实现碳排放的绝对减少。由此也可推导出 $\gamma_{gc} = \gamma_{ge} + \gamma_{ec}/(1+\beta_g)$，GDP 的碳排放强度下降率是由 GDP 的能源消费强度下降率 γ_{ge} 和单位能源消费的碳排放强度的下降率 γ_{ec} 共同作用的结果。

2.2.3.2 基于强度减排的碳排放容量核算

我国政府提出到 2020 年单位 GDP CO_2 排放量在 2005 年的基础上降低40% ~45%。若以 2005 年为基准年进行分析，G 为 2005 年的 GDP 总量，Q_c 为 2005 年的碳排放总量，β_{gi} 为第 i 年的 GDP 增长率，β_{ci} 为第 i 年的碳排放增长率，由此易知

$$2020 \text{ 年的 GDP 总量} = G \times \prod_{i=2006}^{2020}(1+\beta_{gi}) \qquad （式2.4）$$

$$2020 \text{ 年的碳排放总量} = Q_c \times \prod_{i=2006}^{2020} (1 + \beta_{ci}) \qquad (\text{式 } 2.5)$$

若要实现政府提出的低碳发展目标，则必须有

$$\frac{Q_c \times \prod_{i=2006}^{2020} (1 + \beta_{ci})}{G \times \prod_{i=2006}^{2020} (1 + \beta_{gi})} \leqslant (1 - 40\%) \times \frac{Q_c}{G},$$

$$\text{即，} \frac{\prod_{i=2006}^{2020} (1 + \beta_{ci})}{\prod_{i=2006}^{2020} (1 + \beta_{gi})} \leqslant 0.6$$

假设未来我国 GDP 以平均年增长率 8% 的速度，即 $\beta_{gi} = 8\%$，而碳排放量的年增长率取平均值，则有

$$\frac{(1 + \beta_c)^{15}}{(1 + \beta_g)^{15}} \leqslant 0.6, \ \beta_c \leqslant 0.967 \times (1 + \beta_g) - 1 = 4.44\%$$

即在 GDP 保持 8% 增长的前提下，碳排放总量只要不高于 4.44% 的增长率，即可实现低碳发展目标。

实际上，根据本书计算，2005 年我国碳排放强度约为 1.95t/万元 GDP，2020 年的发展目标应降为 1.07 ~ 1.17t/万元 GDP 之间。本书计算的 2008 年的碳排放强度约为 1.73t/万元 GDP。若以 2008 年的现状进行分析，在保持 GDP 增速 8% 左右的前提下，2020 前我国的碳排放总量增速只要不超过 4.54%，即可完成低碳发展目标。这期间我国碳排放的增量总量控制大约为 13.31 亿 t 即可。

2.3 碳排放的影响因素分解

2.3.1 分解方法概述

分析碳排放、寻找减排途径的前提是科学识别碳排放的根源。从微观上讲，能源消费产生的碳排放就是碳元素或含碳有机物的燃烧过程（如下式所示）。因此，涉及碳基能源燃烧的能源种类、消耗总量、燃烧效率和燃烧技术等因素都是影响碳排放的微观因素。

$$C + O_2 \rightarrow CO_2$$

$$C_m H_n + O_2 \rightarrow CO_2 + H_2O$$

然而，微观的碳排放主要依靠清洁生产、能源审计和项目 EIA 等工具来考察，SEA 则是从宏观上把握社会经济发展的方式和方向，其主要功能是发挥宏观调控作用，因此本文主要分析和识别影响碳排放的社会经济宏观因素。

20 世纪 80 年代以来，碳排放的因素分解方法逐渐成为从宏观上识别碳排放影响因素的流行且有效的分析工具。目前的因素分解方法研究，主要包括结构性因素分解方法（Structural Decomposition Analysis，SDA）和指数因素分解方法（Index Decomposition Analysis，IDA），通常将碳排放分解为总排放强度、不同能源的排放强度、能源消费结构、经济发展和人口等因素指标。其中，结构性因素分解法主要是基于投入产出表对碳排放驱动因素进行定量研究，即环境投入–产出模型可以将碳排放分解为投入产出系数、最终消费比例、产业部门的排放系数和总产值等因子的乘积，然后计算投入产出系数和消费对碳排放的影响。而目前使用较多的方法是指数因素分解法，实质是通过对数学恒等式的转化计算，把目标变量通过恒等式换算从而分解成若干关键因素进行定量分析，并计算各因素对目标变量变化的相对影响程度。本书重点研究利用指数分解识别碳排放影响因素的方法和应用。

2.3.1.1 Kaya 分解及其拓展应用

指数分解法最先由日本学者 Yoichi Kaya 于 1989 年在 IPCC 的一次研讨会上提出。迄今已广为接受的 Kaya 公式通过一种简单的数学恒等式，将碳排放与经济发展、技术水平和人口规模等常见的社会经济指标直观方便的联系起来，为人类从宏观上采取碳减排措施指明了行动方向。

Kaya 公式通过乘数分解，指出影响碳排放的因素包括一次能源的碳排放系数、单位 GDP 能耗、人均 GDP 和人口规模等，如式 2.6 所示。

$$C = \frac{C}{E} \times \frac{E}{GDP} \times \frac{GDP}{P} \times P \qquad (式 2.6)$$

式中，C 表示碳排放量；E 表示能源消费量；GDP 是国内生产总值；P 为人口总量。C/E 为单位能源消费的碳排放量，即能源碳排放系数。

其中，能源碳排放系数可按照不同的能源种类进一步分解。

$$\frac{C}{E} = \sum_i \frac{C_i}{E_i} \times \frac{E_i}{E} = \sum_i F_i \times S_i \qquad (式 2.7)$$

式中，C_i 表示第 i 种能源的碳排放量；E_i 是第 i 种能源的消费量。

因此，碳排放量可以分解为

$$C = \sum_i C_i = \sum_i \frac{E_i}{E} \times \frac{C_i}{E_i} \times \frac{E}{GDP} \times \frac{GDP}{P} \times P = \sum_i S_i \times F_i \times R \times I \times P$$

$$(式 2.8)$$

碳排放强度可以分解为

$$G = \frac{C}{\text{GDP}} = \sum_i C_i/\text{GDP} = \sum_i \frac{E_i}{E} \times \frac{C_i}{E_i} \times \frac{E}{\text{GDP}} = \sum_i S_i \times F_i \times R \text{（式 2.9）}$$

人均碳排放量表示为

$$A = \frac{C}{P} = \sum_i C_i/P = \sum_i \frac{E_i}{E} \times \frac{C_i}{E_i} \times \frac{E}{Y} \times \frac{Y}{P} = \sum_i S_i \times F_i \times R \times I$$

（式 2.10）

式中，S_i 是第 i 种能源在一次能源消费中的份额，表示能源消费结构因素，也可以理解为地区资源禀赋；F 是消费单位第 i 种能源的碳排放量，表示能源碳排放强度（系数）；R 是单位 GDP 的能源消耗，表示能源效率因素，也可理解为技术水平；I 是人均 GDP，表示经济发展因素；P 是人口规模因素。

通过对 Kaya 公式的分析可以看出，碳排放量主要是由经济发展水平（人均 GDP）、人口规模、能源强度（单位 GDP 能耗）、能源结构以及能源的碳排放系数等因素所决定（Johan et al.，2002）。对于我国具体国情而言，虽然人口出生率已经低于世界平均水平，但是庞大的人口基数决定了未来几年内人口规模仍会扩大；随着工业化和城市化进程的不断加速，经济发展水平和人均收入也必然会不断增长；化石燃料间的碳排放系数差异较大，一般来说是煤炭最高，石油次之，天然气较低，可再生能源（如地热能、风能和太阳能等）基本都是无碳或超低碳能源。我国以煤炭为主的资源禀赋以及立足国内资源解决能源问题的发展原则都极大地增加了我国由碳基能源向无碳能源转变的难度。因此，通过调整产业结构、推动可再生能源发展就成为我国低碳发展的重要途径，这也体现了低碳发展的能源利用高效率、能源结构的清洁性等内涵。

实际上，通过对 Kaya 公式进行拓展研究，可进一步分析不同行业碳排放的影响因素。例如，对不同产业的碳排放强度可以进行以下分解：

$$G = \frac{C}{Y} = \frac{C}{E} \times \frac{E}{Y} = F \times R \qquad \text{（式 2.11）}$$

$$F = \sum_i^n \frac{C_i E_i}{E_i E} = \sum_i^n F_i \times S_i \qquad \text{（式 2.12）}$$

$$R = \frac{E}{Y} = \sum_j^m \frac{E_j}{Y_j} \times \frac{Y_j}{Y} = \sum_j^m R_j \times e_j \qquad \text{（式 2.13）}$$

式中，G 为碳排放强度；C 为碳排放量；Y 为工业增加值；E 为能源消耗量；F 为能源碳排放强度；R 为能源消耗强度；S_i 为第 i 种能源消费份额（代表能源消费结构）；F_i 为第 i 种能源的碳排放系数；R_j 为第 j 个行业能源强度；e_j 为第 j 个行业的增加值比例（代表产业结构）。

因此，产业碳排放强度将主要由产业结构、行业能源强度、能源消费结构和能源碳排放系数共同决定。Wu 等在 2005 年提出三层完全分解法，将 CO_2 排放总量分解为 28 个省的 6 个部门的 6 种能源消费产生的 CO_2 总和。由于我国省级数据的可得性较差，王锋等（2010）把这"三层"压缩为"两层"，重点考虑交通运输和生活消费等碳排放重点行业，将 CO_2 排放总量分解为 6 个部门的 8 种燃料消费，其分解模型可表示为

$$C = \sum_{i=1}^{6}\sum_{j=1}^{8} C_{ij} = \sum_{i=1}^{4}\sum_{j=1}^{8} \frac{C_{ij}}{F_{ij}}\frac{F_{ij}}{F_i}\frac{F_i}{Y_i}\frac{Y_i}{Y}\frac{Y}{P}P + \sum_{i=5}\sum_{j=1}^{8} \frac{C_{ij}}{F_{ij}}\frac{F_{ij}}{F_i}\frac{F_i}{\mathrm{TD}}\mathrm{VTD} \times \mathrm{VN}$$

$$+ \sum_{i=6}\sum_{j=1}^{8} \frac{C_{ij}}{F_{ij}}\frac{F_{ij}}{F_i}\frac{F_i}{\mathrm{THI}}\mathrm{AHI} \times \mathrm{HN}$$

$$= \sum_{i=1}^{4}\sum_{j=1}^{8} \mathrm{CI}_{ij} \times \mathrm{FS}_{ij} \times \mathrm{EIP}_i \times \mathrm{ES}_i \times \mathrm{PCG} \times P$$

$$+ \sum_{i=5}\sum_{j=1}^{8} \mathrm{CI}_{ij} \times \mathrm{FS}_{ij} \times \mathrm{EIT} \times \mathrm{VTD} \times \mathrm{VN}$$

$$+ \sum_{i=6}\sum_{j=1}^{8} \mathrm{CI}_{ij} \times \mathrm{FS}_{ij} \times \mathrm{EIR} \times \mathrm{AHI} \times \mathrm{HN} \qquad (式2.14)$$

式中，$i=1，2，\cdots，6$ 分别表示农林牧副渔业、工业、建筑业、商业、交通运输业和居民生活部门；$j=1，2，\cdots，8$ 分别表示各部门消费的煤炭、焦炭、原油、汽油、煤油、柴油、燃料油和天然气 8 种化石燃料。其他变量符号的含义见表 2.4。

表 2.4　多层指数分解的变量含义

变量	含义	变量	含义
C	CO_2 排放总量	THI	家庭总收入
C_{ij}	第 i 个部门消费第 j 种燃料所排放的 CO_2	AHI	家庭平均年收入
F_{ij}	第 i 个部门消费的第 j 种燃料的量	HN	家庭数量
F_i	第 i 个部门消费的燃料总量	CI_{ij}	第 i 个部门第 j 种燃料的碳排放强度
Y_i	第 i 个部门的产出	FS_{ij}	第 j 种燃料在第 i 个部门燃料总消费中的比例
Y	总产出	EIP_i	第 i 个部门的能源消费强度
P	人口总量	ES_i	第 i 个部门的产出在总产出中的比例，即产业结构

变量	含义	变量	含义
TD	运输线路总长	PCG	人均 GDP
VTD	交通工具平均运输线路长度	EIT	运输线路单位长度能耗
VN	交通工具数量	EIR	居民生活能源强度

按照上述分解模型，CO_2 排放量的增长率可分解为燃料结构、生产部门能源强度、经济结构、人均 GDP、人口总量、运输线路单位长度能耗、交通工具平均运输长度、交通工具数量、居民生活能源消费强度、家庭平均年收入和家庭数量等 11 种影响因素作用的结果。实际上，根据这些影响因素的性质，仍然可以将其归整分类为 4 种效应：生产部门能源强度、运输线路单位长度能耗和居民生活能源强度可归于能源强度效应；能源结构和经济结构对碳排放的影响可统称结构效应；人均 GDP、交通工具平均运输线路长度和家庭年收入可称为活动强度效应；而人口总量、交通工具数量和家庭数量的变动成为规模效应。

在 SEA 的实际操作中，碳排放量和碳排放强度的分解层数和分解因子选取，主要取决于数据的可得性、实用性以及评价工作的需要。

2.3.1.2 定量分解分析

Kaya 公式创造性地挖掘了碳排放影响因素之间的定性关系，但并未解决不同的因素对碳排放的影响作用大小，即定量关系。对于不同的地区和行业，定性识别出的碳排放因素对本地区和行业的碳排放的影响重要性必然不同。完善战略发展规划以减少碳排放，首先需要识别出战略规划应关注的重点社会经济因素，以便最大效益的发挥战略规划对低碳发展的指导作用。

一般来说，指数因素分解法的定量形式可以理解如下：

$$V^t = \sum_i X_{1i}^t X_{2i}^t \cdots X_{ni}^t \qquad （式 2.15）$$

式中，V 代表被分解的研究对象；X 表示被分解出来的对 V 有影响的因素；下标 i 代表不同的分类方法，诸如不同的能源种类、不同的产业部门或地区等；上标 t 代表时间序列。

首先对上式两边取对数并对时间求导：

$$\frac{d\ln V}{dt} = \sum_i \omega_i \left(\frac{d\ln X_{1i}}{dt} + \frac{d\ln X_{2i}}{dt} + \cdots + \frac{d\ln X_{ni}}{dt} \right) \qquad （式 2.16）$$

然后，对上式两边取定积分可得

$$\ln \frac{V^t}{V^0} = \int_0^t \sum_i \omega_i \left(\frac{\mathrm{d}\ln X_{1i}}{\mathrm{d}t} + \frac{\mathrm{d}\ln X_{2i}}{\mathrm{d}t} + \cdots + \frac{\mathrm{d}\ln X_{ni}}{\mathrm{d}t} \right) \mathrm{d}t$$

$$= \sum_i \int_0^t \left(\omega_i \frac{\mathrm{d}\ln X_{1i}}{\mathrm{d}t} + \omega_i \frac{\mathrm{d}\ln X_{2i}}{\mathrm{d}t} + \cdots + \omega_i \frac{\mathrm{d}\ln X_{ni}}{\mathrm{d}t} \right) \mathrm{d}t \quad （式2.17）$$

由于 ω_i 不是固定不变的常数，而是在时间序列内不断变化的，因此上式中括号内的各项定积分无法算出确切的数值。在实际应用过程中，通常采用不同的权重函数来计算各个解释因素的贡献值。

由于权重函数分解可能会使得分解结果出现残差和零值数据处理等问题，根据确定权重方法的不同，指数因素分解法也分为 Laspeyres 指数法、简单平均分解法、自适应权重分解法以及平均分担分解法。

（1）Laspeyres 指数法。Laspeyres 指数法由德国学者 Laspeyres 提出，其基本原理是以基期的数量指标作为综合指数的加权权重，同度量的因素在基期固定不变。当需要考察某一变量因素的贡献时，只需要保持其他变量不变即可。Zhang（2003）应用此分解方法分析了中国 20 世纪 90 年代工业部门能源强度下降的原因，将我国的碳排放的影响分解为产业结构因素和技术进步因素。

（2）简单平均分解法（simple average divisia，SAD）。该方法是采用初年和末年相应参数的某种平均值作为加权权重。根据计算平均值方法的不同，Boyd 等（1988）最早尝试使用能源消费量的平均值作为因子权重，并采用对数方法计算相应因素的增量，这种方法应用最为广泛，但是当数据中存在零值时会出现计算问题。Ang 和 Lee 于 1994 年提出采用某两个年份相应参数的简单算术平均值作为因子权重的分解方法，之后 Ang 等人对此方法进行了改进，提出用对数平均值代替简单算术平均权重的计算方法，即对数平均权重 Divisia 分解法（logarithmic mean weight divisia，LMDI）。这种方法不产生残差，且允许数据中包含零值。Chung 等人（2001）提出了平均增长率指数法（mean rate-of-change index，MRCI），将所有系数平均增长率的均值作为权重因子的重要组成部分，允许存在一个自由的残差，也允许数据出现负值，这种方法更加的科学合理。

（3）自适应权重分解法（adaptive weight divisia，AWD）。自适应权重分解法是一个先求微分再求积分的过程，并假设各参数为单调函数并最终求解单项积分作为各因子变化率的权重。由于采用的是一个时间段内的函数微分，因此这一方法得出的结果与其他方法相比残差最小，也更接近于现实。但是这种方法的计算过程的复杂性限制了其应用，使得在实际应用中并不如 LMDI 法广泛。Fan 等（2007）采用 AWD 法对中国 1980~2003 年的碳排放强度进行了实证分析，研究认为中国碳排放强度下降的主要原因来自于实际能源强度的下降，同时能源结构变化的影响也很重要。

（4）平均分担分解法（equally distributed divisia）。对于三因素以下的碳排放因素分解，还有一种较为简单实用的方法，主要是基于国际能源专家 Sun（1998）提出的共同产生、平均分担的原则处理残余项。王伟林等（2008）通过因素分解法将影响碳排放强度变化的因素归纳为行业碳排放强度和行业产出份额两类。横向角度可分析时间序列上行业碳排放强度和行业产出份额对整个社会碳排放强度变化的影响，纵向可分析国民经济不同部门的行业碳排放强度变动以及工业部门内部结构变化对整个社会碳排放强度变动的影响。

碳排放强度可以分解为

$$D = \frac{C}{G} = \sum_{i=1}^{n} \frac{C_i}{G_i} \frac{G_i}{G} = \sum_{i=1}^{n} Y_i I_i \qquad （式2.18）$$

式中，Y 代表行业碳排放强度；I 代表行业产出份额。

则相对于 i 部门基期碳排放强度 D_{i0}，第 t 期碳排放强度 D_{it} 的增量为

$$\Delta D_i = D_{it} - D_{i0} = Y_{it} I_{it} - Y_{i0} I_{i0} = (Y_{it} - Y_{i0}) I_{i0}$$
$$+ (I_{it} - I_{i0}) Y_{i0} + (Y_{it} - Y_{i0})(I_{it} - I_{i0})$$
$$\Delta D_i = \Delta Y_i I_{i0} + \Delta I_i Y_{i0} + \Delta Y_i \Delta I_i \qquad （式2.19）$$

等式右边第一项表示行业碳排放强度的变化贡献，第二项表示行业产出份额变化贡献，第三项为残差项，受两个分解因素的共同作用。将残差项分配到两个因素中，即

行业 i 碳排放强度影响份额

$$Y_{i份额} = \Delta Y_i I_{i0} + \alpha \Delta Y_i \Delta I_i \qquad （式2.20）$$

行业产出影响份额

$$I_{i份额} = \Delta I_i Y_{i0} + \beta \Delta Y_i \Delta I_i \qquad （式2.21）$$

其中，$\alpha + \beta = 1$，故

$$\Delta D = \sum_{i=1}^{n} \Delta Y_i + \sum_{i=1}^{n} \Delta I_i \qquad （式2.22）$$

由此可以看出，残差项的处理方式是本分解方法的关键所在，如图2.4。

在只有两个因素的分解过程中，基于共同产生、平均分担的原则处理残余项，α 和 β 可以分别赋值为 0.5。但是在进行三因素分解时则稍为复杂。李艳梅等（2010）尝试了这种分解方法，并将其实际运用于中国的实际，分析了我国 1980~2007 年的碳排放增长原因（表2.5）。

$$\Delta C = C^t - C^0 = \sum_{i=1}^{n} Y^t \times S_i^t \times I_i^t - \sum_{i=1}^{n} Y^0 \times S_i^0 \times I_i^0$$

$$= EY_{effect} + ES_{effect} + EI_{effect} \qquad (式2.23)$$

$$EY_{effect} = \sum_{i=1}^{n} \Delta Y \times S_i^0 \times I_i^0 + \frac{1}{2}\left[\left(\sum_{i=1}^{n} \Delta Y \times \Delta S_i \times I_i^0\right) + \left(\sum_{i=1}^{n} \Delta Y \times S_i^0 \times \Delta I_i\right)\right]$$

$$+ \frac{1}{3}\sum_{i=1}^{n} \Delta Y \times \Delta S_i \times \Delta I_i \qquad (式2.24)$$

$$ES_{effect} = \sum_{i=1}^{n} Y^0 \times \Delta S_i \times I_i^0 + \frac{1}{2}\left[\left(\sum_{i=1}^{n} \Delta Y \times \Delta S_i \times I_i^0\right) + \left(\sum_{i=1}^{n} Y^0 \times \Delta S_i \times \Delta I_i\right)\right]$$

$$+ \frac{1}{3}\sum_{i=1}^{n} \Delta Y \times \Delta S_i \times \Delta I_i \qquad (式2.25)$$

$$EI_{effect} = \sum_{i=1}^{n} Y^0 \times S_i^0 \times \Delta I_i + \frac{1}{2}\left[\left(\sum_{i=1}^{n} \Delta Y \times S_i^0 \times \Delta I_i\right) + \left(\sum_{i=1}^{n} Y^0 \times \Delta S_i \times \Delta I_i\right)\right]$$

$$+ \frac{1}{3}\sum_{i=1}^{n} \Delta Y \times \Delta S_i \times \Delta I_i \qquad (式2.26)$$

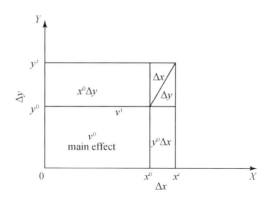

图 2.4　平均分担分解法的残差项处理示意图

表 2.5　1980～2007 年中国碳排放量增长的原因

影响因素	贡献值/万 t		贡献率/%	
年份	1980~2000	2001~2007	1980~2000	2001~2007
经济总量变化	168 793.68	103 059.17	277.50	97.73
产业结构变化	24 186.34	7 799.85	39.76	7.40
技术效率变化	-132 153.47	-5 408.58	-217.26	-5.13

从表2.5可知，经济发展始终是促进碳排放增长的最主要因素，并且近年来的促进作用还在逐渐增强。产业结构也表现出轻微的促进效应，说明我国的产业

结构调整尚未朝着低碳转型的方向发展。这主要是因为重化工业发展较快，导致国内对钢材、水泥等高耗能产品的需求呈现刚性。技术效率的提高对抑制碳排放增长的效果明显，特别是 2000 年以前的能源效率有了大幅度的下降，促使碳排放年均减少了 6607.67 万 t。

2.3.1.3 LMDI 分解方法

然而在实际应用中，LMDI 方法由于计算的简便性从而成为应用最为广泛的方法。目前，国内外学者对 LMDI 方法进行了丰富的实证研究。在国内较具代表性的研究是王灿等（2005）采用 LMDI 方法对中国 1957~2000 年的能源碳排放影响因素进行了分解，认为能源强度是减少碳排放的最重要因素；徐国泉等（2006）基于碳排放量的基本等式，采用对数平均权重分解法建立了中国人均碳排放的因素分解模型，定量分析了 1995~2004 年能源结构、能源效率和经济发展等因素的变化对中国人均碳排放的影响；魏一鸣等（2008）研究认为中国能源强度和能源结构变化不一定会促进 CO_2 排放量的下降；林伯强等（2009）采用 LMDI 分解法分析了我国碳排放的影响因素，认为人均收入、工业能源强度、工业结构和能源消费结构是最主要的影响因素，并引入随机回归影响（STIRPAT）模型试图解释中国碳排放 EKC 曲线理论和预测形式存在的差异，认为现阶段中国能源强度的下降幅度还不足以抵消由于人均收入的持续增长、产业重工化凸显、煤炭消费比重居高不下所导致的 CO_2 的增加；赵欣等（2010）用 LMDI 分解方式分析指出，经济规模持续扩大是江苏省该阶段碳排放增长的决定性因素。下面重点介绍 LMDI 方法的计算原理和实际应用。

1）LMDI 方法原理

为了消除残差，LMDI 方法将时序内变量两个端点值的对数平均函数作为分解权重，其权重函数定义为

$$L(x, y) = \begin{cases} (y-x)/(\ln y - \ln x), & \text{若 } x \neq y \\ x, & \text{若 } x = y \end{cases} \quad (\text{式 } 2.27)$$

即 ω_i 表示为 $\omega_i = \dfrac{L(V_i^0, V_i^t)}{L(V^0, V^t)} = \dfrac{(V_i^t - V_i^0)/(\ln V_i^t - \ln V_i^0)}{(V^t - V^0)/(\ln V^t - \ln V^0)}$。

将此权重函数代入指数分解公式，整理后可得

$$\frac{V^t}{V^0} = \exp\left(\sum_i \omega_i \ln \frac{X_{1i}^t}{X_{1i}^0}\right) \times \exp\left(\sum_i \omega_i \ln \frac{X_{2i}^t}{X_{2i}^0}\right) \times \cdots \times \exp\left(\sum_i \omega_i \ln \frac{X_{ni}^t}{X_{ni}^0}\right)$$

$$= \exp\left(\sum_i \omega_i \ln \frac{X_{1i}^t X_{2i}^t \cdots X_{ni}^t}{X_{1i}^0 X_{2i}^0 \cdots X_{ni}^0}\right) = \exp\left[\sum_i \frac{(V_i^t - V_i^0)/(\ln V_i^t - \ln V_i^0)}{(V^t - V^0)/(\ln V^t - \ln V^0)} \ln \frac{V_i^t}{V_i^0}\right]$$

$$= \exp\left[\frac{\ln V^t - \ln V^0}{V^t - V^0}\sum_i\left(V_i^t - V_i^0\right)\right]$$

$$= \frac{V^t}{V^0} \tag{式 2.28}$$

由此可以看出，LMDI 分解法是完全分解方法，不会产生残差。另外，基于指数运算的特殊性，LMDI 分为乘法分解和加法分解两种，且两种形式易于转换。

2）LMDI 对碳排放的分解应用

结合 Kaya 公式对碳排放量的定性分解，第 t 期相对于基期的碳排放量变化可以表示为

人均碳排放量：

$$\Delta A = A_t - A_0 = \sum_i S_i^t F_i^t I^t R^t - \sum_i S_i^0 F_i^0 I^0 R^0$$

$$= \Delta A_S + \Delta A_F + \Delta A_I + \Delta A_R + \Delta A_{rsd} \tag{式 2.29}$$

碳排放总量：

$$\Delta C = C_t - C_0 = \sum_i S_i^t F_i^t I^t R^t P^t - \sum_i S_i^0 F_i^0 I^0 R^0 P^0$$

$$= \Delta C_S + \Delta C_F + \Delta C_I + \Delta C_R + \Delta C_P + \Delta C_{rsd} \tag{式 2.30}$$

式中，ΔA_S、ΔC_S 是能源结构因素；ΔA_F、ΔC_F 是能源排放强度因素；ΔA_I、ΔC_I 是能源效率因素；ΔA_R、ΔC_R 是经济发展因素；ΔA_P、ΔC_P 是人口规模因素；ΔA_{rsd}、ΔC_{rsd} 为残差项。

根据 LMDI 方法的权重函数设定

$$W_i = \frac{A_i^t - A_i^0}{\ln A_i^t - \ln A_i^0} \text{ 或 } W_i = \frac{C_i^t - C_i^0}{\ln C_i^t - \ln C_i^0}$$

因此，

$$\Delta A_S = \sum_i W_i \ln \frac{S_i^t}{S_i^0} \tag{式 2.31}$$

$$\Delta A_F = \sum_i W_i \ln \frac{F_i^t}{F_i^0} \tag{式 2.32}$$

$$\Delta A_I = \sum_i W_i \ln \frac{I^t}{I^0} \tag{式 2.33}$$

$$\Delta A_R = \sum_i W_i \ln \frac{R^t}{R^0} \tag{式 2.34}$$

$$\Delta A_P = \sum_i W_i \ln \frac{P^t}{P^0}, \tag{式 2.35}$$

若以人均碳排放量分解为例进行残差推导，则可以发现这种分解方法可以完全消除残差项：

$$\Delta A_{\text{rsd}} = \Delta A - (\Delta A_{\text{S}} + \Delta A_{\text{F}} + \Delta A_{\text{I}} + \Delta A_{\text{R}})$$

$$= A_t - A_0 - \sum_i W_i \left(\ln \frac{S_i^{\,t}}{S_i^{\,0}} + \ln \frac{F_i^{\,t}}{F_i^{\,0}} + \ln \frac{I_i^{\,t}}{I_i^{\,0}} + \ln \frac{R_i^{\,t}}{R_i^{\,0}} \right)$$

$$= A_t - A_0 - \sum_i W_i \ln \frac{A_i^{\,t}}{A_i^{\,0}} = A_t - A_0 - \sum_i (A_i^{\,t} - A_i^{\,0}) = 0$$

在实际应用中，由于能源排放强度即为各种能源的碳排放系数，通常为固定的参数，因此在分解过程中，ΔA_{F} 和 ΔC_{F} 始终为 0，一般不作为考察因素。

2.3.2 中国碳排放因素分解

本节通过我国 1990 ~ 2008 年的碳排放和相关社会经济数据，基于 LMDI 分解方法定量分析了近 20 年来影响我国碳排放和人均碳排放的主要因素贡献值及其变化规律。从具体的计算结果来看，中国碳排放总量基本呈增长趋势，特别是在 20 世纪 90 年代末期的金融危机之后出现了快速增长期。分解结果表明，经济发展和人口规模对碳排放总量的增长表现为正效应，而能源效率可以视为过去我国碳排放增长的主要抑制因素。

2.3.2.1 累积影响分析

以 1990 年为基期，采用 LMDI 分解方法对我国 1990 ~ 2008 年的碳排放总量的影响因素进行分解，各影响因素对碳排放的累积贡献见表 2.6 和图 2.5。

表 2.6 1990 ~ 2008 年我国碳排放的影响因素累积贡献值与贡献率

年份	碳排放 ΔC	能源结构 ΔC_{S}		能源效率 ΔC_{I}		经济发展 ΔC_{R}		人口规模 ΔC_{P}	
		贡献值 /亿 t	贡献率 /%	贡献值 /亿 t	贡献率 /%	贡献值 /亿 t	贡献率 /%	贡献值 /亿 t	贡献率 /%
1991	0.361	0.017	4.83	−0.259	−71.73	0.514	142.35	0.089	24.55
1992	0.714	0.006	0.90	−0.843	−117.98	1.379	192.97	0.172	24.11
1993	1.137	−0.030	−2.60	−1.376	−121.03	2.282	200.79	0.260	22.85
1994	1.561	−0.057	−3.67	−1.908	−122.25	3.177	203.50	0.350	22.42
1995	2.090	−0.092	−4.39	−2.255	−107.89	3.994	191.11	0.442	21.17
1996	2.341	−0.107	−4.57	−2.795	−119.37	4.713	201.31	0.530	22.63
1997	2.310	−0.173	−7.50	−3.438	−148.79	5.315	230.03	0.607	26.26

续表

年份	碳排放 ΔC	能源结构 ΔC_S		能源效率 ΔC_I		经济发展 ΔC_R		人口规模 ΔC_P	
		贡献值 /亿 t	贡献率 /%	贡献值 /亿 t	贡献率 /%	贡献值 /亿 t	贡献率 /%	贡献值 /亿 t	贡献率 /%
1998	2.309	−0.189	−8.20	−4.004	−173.39	5.826	252.25	0.678	29.34
1999	2.637	−0.159	−6.04	−4.408	−167.16	6.449	244.57	0.755	28.63
2000	2.886	−0.227	−7.86	−4.836	−167.60	7.123	246.84	0.826	28.62
2001	3.083	−0.330	−10.72	−5.268	−170.89	7.790	252.70	0.891	28.91
2002	3.679	−0.331	−8.98	−5.677	−154.32	8.713	236.84	0.974	26.47
2003	5.398	−0.256	−4.74	−5.749	−106.49	10.290	190.61	1.114	20.63
2004	7.311	−0.300	−4.11	−5.711	−78.11	12.056	164.89	1.266	17.32
2005	8.822	−0.300	−3.40	−6.040	−68.47	13.757	155.95	1.404	15.92
2006	10.328	−0.305	−2.95	−6.569	−63.60	15.662	151.65	1.539	14.91
2007	11.731	−0.338	−2.88	−7.354	−62.69	17.751	151.32	1.672	14.25
2008	12.241	−0.469	−3.83	−8.033	−65.63	18.985	155.10	1.758	14.36

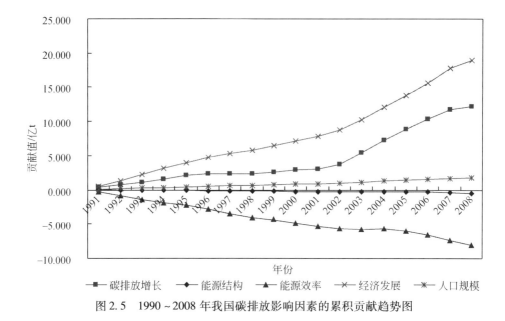

图 2.5　1990~2008 年我国碳排放影响因素的累积贡献趋势图

1990~2008 年，我国碳排放总量在持续快速增长，而促使这种增长的主要因素是我国经济的快速发展，经济发展因素对碳排放的累积贡献率始终保持在 140% 以上。人口增长主要通过增加能源需求、破坏森林和改变土地利用方式等途径对碳排放产生影响。我国人口增长率较为缓慢，但是由于基数较大，人口规模对碳排放增长一直呈较小的促进作用。而能源消费效率的不断提升，则对我国的碳排放增加起到了极大的抑制作用，且其对降低碳排放总量的累积贡献值在不断增加。我国的能源消费结构受资源禀赋限制，在短期内难以得到根本改变，因此其对碳排放的贡献极小。然而我国政府近些年来努力改善能源结构，该因素对碳排放的累计抑制作用在不断增强。孙猛（2010）将经济发展和人口规模导致的碳排放变化量定义为理论排放量，将理论排放量与实际排放量之差看做理论上的减排量，从而直观的分析能源效率提高和能源结构改善对碳排放的抑制效果。理论减排量的计算公式如下：

$$\Delta C^* = (\Delta C_R + \Delta C_P) - \Delta C = -(\Delta C_S + \Delta C_I) \qquad （式2.36）$$

从图2.6可以看出，中国碳排放的理论排放量显著高于实际排放量，已经实现了很大程度的减排效果。1990~2008年，我国累积理论排放量20.74亿t，累积理论减排量达8.50亿t。这说明，我国的宏观经济政策和能源环境政策不仅显著促进了经济发展，而且在减缓全球气候变化方面也已经做出了重要贡献。

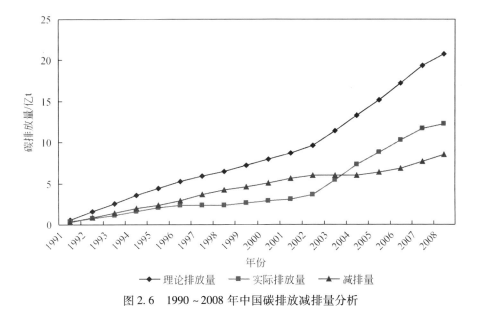

图2.6 1990~2008年中国碳排放减排量分析

2.3.2.2 逐年影响分析

LMDI分解方法的关键是时间序列端点的选取。上节的累积影响分解是所有年份均以1990年和本年份为时序端点而确定权重值。这种分解方法只用到了样本期两端的数据，抛弃了中间年份对权重的贡献及其包含的信息。为了分析每一年的碳排放影响因素贡献情况，本节以相邻年份为时序端点进行影响因素分解，以寻求随时间序列而变化的影响因素贡献值。碳排放总量和人均碳排放量的分解结果如图2.7和图2.8所示。

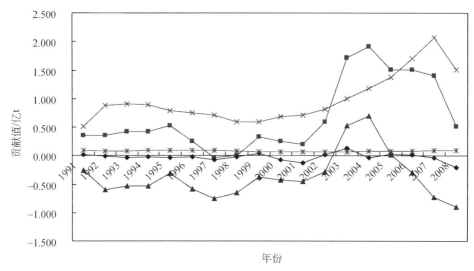

图 2.7　1990~2008 年中国碳排放的影响因素逐年贡献值趋势图

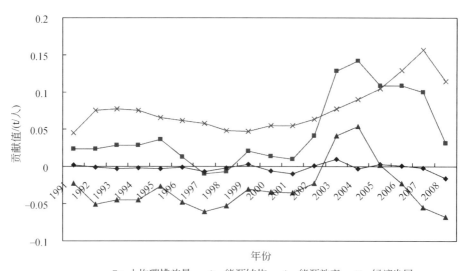

图 2.8　1990~2008 年中国人均碳排放量的影响因素逐年贡献值趋势图

从时间序列上看，1990 ~ 2008 年我国碳排放和人均碳排放的年度增加量明显分为两个阶段：2002 年之前的年度增加量基本处于平稳阶段，数据波动较小，并且在 1997 年和 1998 年一度出现排放量下降的现象；2002 年以后的年度增加量则出现一个较大的波动，2004 年达到峰值后开始逐年下降，到 2008 年基本回落到前一阶段的水平。从因素贡献值上看，经济发展是历年碳排放和人均碳排放增加的主要原因，能源效率在大部分年份仍是抑制碳排放增加的主要因素。分析曲线变化的规律不难看出，碳排放和人均碳排放年度增加量的变化与能源效率因素的变化基本一致，说明能源效率对碳排放和人均碳排放年度增加量的影响最大。2002 年之后出现的波动，与能源效率的变化关系密切。

2.3.3 生活消费碳排放影响因素

前两节通过 Kaya 分解和 LMDI 分解，分析了影响我国碳排放变化的主要因素包括能源结构、产业结构、能源效率和经济发展等，这些都属于经济领域的行为特征。实际上，随着我国城市化和工业化进程的不断加速，人民生活水平日益提高，人口消费因素对碳排放的影响也将不容忽视。本节总结了国内外在该领域的研究成果，并以此为例分析了 STIRPAT 模型在识别碳排放影响因素过程中的应用。

人口对碳排放的影响主要是通过其生产和生活消费行为体现出来的。但是影响人类消费行为对碳排放影响的因素除了人口总量，还有人口城镇化水平、人口年龄构成和家庭规模等结构特征。Jiang 等（2009）研究认为，人口总量对碳排放的影响是建立在每个人都具有相同的消费模式假设基础上的，由此得出的特征不够准确，必须重视对人口结构因素的考察。其中，城镇化水平因其与居民消费水平及消费模式的显著相关性从而受到研究者的较早关注。Jiang 等（2004）研究了中国农村居民生活用能模式的变化。David Satterthwaite（2009）研究了 1980 ~ 2005 年世界各国碳排放增长与人口增长、人口城镇化之间的关系，均表明人口城镇化对碳排放具有显著影响。在人口年龄结构方面，已有研究主要关注人口老龄化对碳排放的影响。Michael Dalton 等（2008）研究认为在人口压力不大的情况下，人口老龄化对长期碳排放具有抑制作用，并且这种作用在一定条件下甚至会大于技术革新对碳排放的影响。在家庭规模变化方面，Jiang 等（2009）认为相对于个人而言，家庭是能源消费的主要单位，在一些发展中国家甚至是生产的主要单位。在人口总量保持稳定的情况下，家庭规模的变化导致的家庭户总量的变化有可能对碳排放产生更加明显的影响。Michael Dalton 等（2008）研究了家庭规模等人口结构变化对中国、印度和美国碳排放的影响，陈佳瑛等（2009）研究了中国 1978 ~ 2007 年家庭规模变化对碳排放影响情况，指出家庭规模与总户数对碳排放具有更大的影响作用，因此家庭户单位应该是更适合居民能源消费碳排放的分析单元。

2.3.3.1 STIRPAT 模型

Ehrlich 和 Holden 于 1971 年首次提出 IPAT 模型，被广泛认可为分析人口对环境影响的公式。然而该模型存在一定的局限性，通过改变一个因素而保持其他因素固定不变的假设来分析问题，得到的结果只能是等比例影响。York 等建立了 IPAT 等式的随机形式，即 STIRPAT 模型：

$$I = aP^b A^c T^d e \qquad (式2.37)$$

取对数后得

$$\ln I = a + b\ln P + c\ln A + d\ln T + e$$

式中，I 表示环境影响，本书用碳排放量和碳排放强度来表征；P 表示人口因素，为了分析人口结构对碳排放的影响，本书将该因素分解为人口总量和人口结构两部分来考察，其中人口结构用城镇化率、劳动年龄（15 ~ 64 岁）人口比重和家庭户规模指标来表征；A 表示富裕程度，用人均消费额指标；T 表示技术水平，用能源效率代替。这样，碳排放受人口、经济和技术因素的共同制约，与指数分解保持一致。

2.3.3.2 数据来源

模型所用的数据主要来自《中国统计年鉴》、《中国能源统计年鉴》、《中国发展报告》等；碳排放量是本文根据《中国统计年鉴》和《中国能源统计年鉴》整理计算得出；碳排放强度和能源效率基于 1990 年可比价格计算得出，见表 2.7。

表 2.7　1990 ~ 2008 年我国人口、消费和碳排放数据

年份	碳排放总量/亿 t	碳排放强度/(t/万元)	人口/亿人	城镇化率/%	劳动年龄人口比重/%	平均家庭户规模/(人/户)	人均消费额/元	能源效率/(tce/万元)
1990	6.67	3.57	11.43	26.41	66.74	3.93	1695	5.29
1991	7.03	3.45	11.58	26.94	66.3	3.89	1842	5.09
1992	7.39	3.17	11.72	27.46	66.2	3.85	2086	4.69
1993	7.81	2.94	11.85	27.99	66.7	3.81	2262	4.37
1994	8.23	2.74	11.99	28.51	66.6	3.78	2367	4.09

续表

年份	碳排放总量/亿t	碳排放强度/(t/万元)	人口/亿人	城镇化率/%	劳动年龄人口比重/%	平均家庭户规模/(人/户)	人均消费额/元	能源效率/(tce/万元)
1995	8.76	2.63	12.11	29.04	67.20	3.74	2553	3.94
1996	9.01	2.46	12.24	30.48	67.20	3.72	2793	3.69
1997	8.98	2.24	12.36	31.91	67.50	3.64	2919	3.40
1998	8.98	2.08	12.48	33.35	67.60	3.63	3091	3.16
1999	9.31	2.01	12.58	34.78	67.70	3.58	3346	3.03
2000	9.56	1.90	12.67	36.22	70.15	3.44	3632	2.89
2001	9.76	1.79	12.76	37.66	70.40	3.42	3838	2.76
2002	10.35	1.74	12.85	39.09	70.30	3.39	4087	2.68
2003	12.07	1.85	12.92	40.53	70.40	3.38	4253	2.81
2004	13.98	1.94	13.00	41.76	70.92	3.31	4677	2.96
2005	15.49	1.95	13.08	42.99	72.04	3.24	5047	2.97
2006	17.00	1.92	13.14	43.90	72.32	3.17	5532	2.92
2007	18.40	1.84	13.21	44.94	72.53	3.17	6096	2.80
2008	18.91	1.73	13.28	45.68	72.80	3.16	6645	2.67

2.3.3.3 回归分析

为了比较不同的人口结构指标对碳排放的影响，分别以城镇化率、劳动年龄人口比重和家庭户规模代入 STIRPAT 模型进行回归统计分析，并得到拟合的回归系数。模型拟合度检验的调整的复相关系数均大于 0.996，说明拟合程度很好。从拟合变量的回归系数可知，我国碳排放量对影响因素的弹性（即影响因素变化一个单位所对应的碳排放量变化）分别为：人口规模 5.14~6.07，城镇化率 0.28，劳动人口比重 0.84，家庭户规模-0.91，人均消费额 0.91~0.98，能源效率 1.33~1.38（表 2.8~表 2.10）。

表 2.8 碳排放与人口规模、城镇化率、人均消费额和能源效率的回归系数

模型	非标准化系数		标准系数	t	Sig.	共线性统计量	
	B	标准误差				容差	VIF
（常量）	-21.017	2.925		-7.184	0.000		
人口规模	6.073	1.464	0.871	4.147	0.001	0.005	213.894
城镇化率	0.282	0.163	0.166	1.737	0.104	0.023	44.181

续表

模型	非标准化系数		标准系数	t	Sig.	共线性统计量	
	B	标准误差				容差	VIF
人均消费额	0.908	0.118	1.124	7.699	0.000	0.010	103.339
能源效率	1.356	0.116	0.944	11.656	0.000	0.031	31.761

注：因变量为碳排放量

表 2.9　碳排放与人口规模、劳动人口比重、人均消费额和能源效率的回归系数

模型	非标准化系数		标准系数	t	Sig.	共线性统计量	
	B	标准误差				容差	VIF
（常量）	−16.341	3.434		−4.758	0.000		
人口规模	5.142	1.419	0.738	3.625	0.003	0.005	197.490
劳动人口比重	0.839	0.506	0.088	1.656	0.120	0.074	13.482
人均消费额	0.939	0.127	1.163	7.391	0.000	0.008	117.961
能源效率	1.334	0.116	0.928	11.539	0.000	0.032	30.855

注：因变量为碳排放量

表 2.10　碳排放与人口规模、家庭户规模、人均消费额和能源效率的回归系数

模型	非标准化系数		标准系数	t	Sig.	共线性统计量	
	B	标准误差				容差	VIF
（常量）	−23.198	3.202		−7.245	0.000		
人口规模	5.840	1.369	0.838	4.266	0.001	0.005	202.230
家庭户规模	−0.914	0.435	−0.208	−2.100	0.054	0.019	51.431
人均消费额	0.980	0.126	1.214	7.775	0.000	0.008	127.802
能源效率	1.379	0.114	0.960	12.137	0.000	0.031	32.771

注：因变量为碳排放量

从回归模型的标准系数可以看出，在模型考察的所有变量中，居民人均消费水平变化对我国碳排放增长的贡献最高。消费水平作为衡量一国居民富裕程度的重要指标，其对碳排放的影响可以从两个方面理解：一是居民生活消费对能源的直接消耗及其产生的直接碳排放，二是为了满足居民消费需求所引致的国民经济活动的能源消费及其碳排放。1990~2008年，我国居民消费水平不断改善，碳排放量也快速增加。人均消费额从1695元上升至6645元，翻了将近两番。模型的曲线拟合结果（图2.9和表2.11）也表明居民消费水平的提高与碳排放增长高度相关，原因就是财富增长刺激了人们消费的欲望，而消费增长带动了能源需求的增长，无疑对碳排放产生了直接的促进作用。

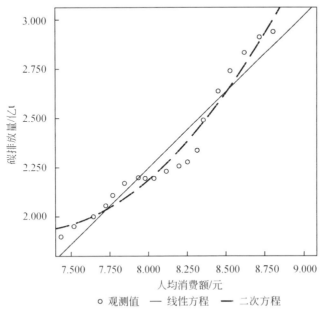

图 2.9 我国碳排放量与人均消费额的关系拟合曲线

注：因变量为碳排放量，自变量为人均消费额。

表 2.11 模型汇总和参数估计值

方程	模型汇总					参数估计值		
	R^2	F	df_1	df_2	Sig.	常数	b_1	b_2
线性	0.923	203.095	1	17	0.000	−3.959	0.776	
二次	0.966	229.158	2	16	0.000	24.538	−6.259	0.433

人口城镇化率变量在此模型中主要反映的是由于人口城乡结构的变化所引发的居民生产与消费行为变化对碳排放的影响。工业和城镇是能源消费的主要场所，在化石能源占主要比重的能源结构条件下，城镇化进程直接推动了碳排放的增长。其次，城镇化的推进使得城镇基础设施及居民住宅建设的需求量相应增大，从而拉动了水泥行业的消费。另外，城镇化进程往往伴之以耕地、林地的占用，这些碳汇的损失也使得碳排放相应增加。

人口年龄结构变化对碳排放的影响主要通过其对生产的影响变现出来。近30 年来，我国 15~64 岁的劳动年龄人口占总人口比重逐年上升，而国家实施的积极的就业政策也使得劳动的参与率和就业率均保持在较高水平。在生产领域，劳动年龄人口绝对数及其所占人口比重的持续增长为我国经济建设提供了丰富的劳动供应，促进了经济的持续增长。

模型拟合结果也显示出家庭户规模变化对近年来我国碳排放增长表现出显著的负效应。家庭规模对碳排放的影响主要体现在消费领域。1990～2008 年，我国居民平均家庭户规模从 3.93 人降至 3.16 人。以此粗略估算，我国居民家庭总户数的增幅远远高于同期人口总量的增幅。由于以家庭为单位的消费需求包含了许多具有共享性质的消费品与消费服务，家庭户规模的缩小意味着家庭消费的规模效应减弱，实际上导致了人均消费支出的增加。同时，在人口总量稳定增长的情况下，家庭规模缩小导致家庭户总量以更快的速度增加，使得以家庭户为主体的消费需求的增长超过以个人为主体的消费需求。因此，家庭规模的缩小直接推动了居民消费规模的扩张，其对我国碳排放增长的解释力亦不容忽视。

2.4 中国碳排放的差异性研究

2.4.1 区域碳排放差异性

中国地域广阔，自然资源和人力资源在空间上分布极为不均，加之不同地区的社会经济发展历史等原因，区域间的经济发展水平和发展方式等都呈现较大的不均衡性，由此导致不同区域的能源消耗和碳排放的区域差异性。中国碳减排目标的实现依赖于区域层面的低碳发展努力以及行业层面的产业结构调整和技术进步。探讨中国不同区域的碳排放和碳强度差异性及其驱动因素，有助于制定科学合理的低碳发展规划和政策，因此也是 SEA 工作必须重点考虑的现状国情和评价依据。

2.4.1.1 区域碳排放核算模型

SEA 对碳排放的计量，是从战略层面对拟评规划或区域碳排放的审视和评估，因此适合采用自上而下的计算方法，即利用国家官方公布的能源统计数据来计算主要化石燃料燃烧产生的 CO_2 排放量。本书前文讨论的美国橡树岭国家实验室和 IPCC 的碳排放计算方法对数据质量和精度的要求较低，适用于估算国家尺度上的碳排放总量。实际上，IPCC 还给出更精确的碳排放核算模型，本书认为更适合区域层面的评估。模型计算所需的参数主要包括各种化石燃料的消费量、各种燃料品种的单位发热量、碳潜在排放因子以及消耗各种燃料的主要设备的平均氧化率，并扣除化石燃料非能源燃烧用途的固碳量等数据。

目前使用较普遍的估算化石燃料燃烧的碳排放量计算公式为

$$C_{total} = \sum_i C_i \qquad\qquad （式2.38）$$

$$C_i = (Q_i \times \beta_i \times \alpha_i - B_i \times \beta_i \times \alpha_i \times \eta_i) \times \gamma_i$$

式中，C_i 是第 i 种化石燃料的碳排放量（t）；Q_i 是第 i 种化石燃料的实物表观消费量（t）；β_i 是第 i 种化石燃料的能源转换系数（标准煤换算系数与标准煤能源转换系数的乘积，TJ/tce）；α_i 是第 i 种化石燃料的潜在碳排放因子（t/TJ）；B_i 是第 i 种化石燃料用作原料、材料的实物消费量（t）；η_i 是第 i 种化石燃料用作原料、材料时的固碳率；γ_i 是第 i 种化石燃料燃烧过程的碳氧化率。按照我国能源统计年鉴对能源消费的分类，i 值包括原煤、洗精煤、其他洗煤、型煤、焦炭、焦炉煤气、其他煤气、原油、汽油、煤油、柴油、燃料油、液化石油气、炼厂干气、天然气、其他石油制品、其他焦化产品等 17 种燃料。

具体来讲，该模型的计算过程可以表述为以下几个步骤。

（1）估算各种化石燃料的消费量 Q_i。用于计算碳排放的化石燃料消费量，理论上是指直接发生在研究区域的地理范围内的能源实际消费总量。由于实际消费量很难准确统计，在计算碳排放量过程中，大都使用表观消费量来表征实际消费量。虽然两者有些差异，但是表观消费量基本上可以较为真实的反映一个国家一定时期内的能源消费状况。

表观消费量=生产量+进口量−出口量−国际航线加油−库存变化

但是由于国际航线加油和库存变化数据在某些国家和区域可得性较差，王定武（1999）经过研究认为国际航线加油和库存变化数据相对很小可以省略，表观消费量可直接简化定义为

表观消费量=生产量+进口量−出口量

根据我国能源统计数据的特点，表观消费量一般可直接采用我国能源统计年鉴中能源平衡表的"可供本地区消费的消费量"项的各种能源消费量数据进行计算。

由于 IPCC 提供的碳排放因子是以单位能源消耗的碳排放量，因此如果统计数据为实物消费量，则还应转换为标准消费量，即将实物能源消费量统一为通用的能源单位，一般是 TJ。

燃料标准消费量=燃料实物消费量×标煤折算系数×能量转换系数

一般而言，每吨标准煤的燃烧热量为 29 307.6KJ，则每万吨标准煤的能源转

化系数为293.076TJ。各种燃料的标煤折算系数可采用历年的《中国能源统计年鉴》推荐数值。表2.12为本书计算时采用的折算系数（主要参考《中国能源统计年鉴2009》的附录表数值）。

表 2.12   不同能源种类的标准煤折算系数

能源品种	标准煤折算系数
原煤	0.7143 kgce/kg
洗精煤	0.9000 kgce/kg
其他洗煤	0.5253 kgce/kg
型煤	0.6068 kgce/kg
焦炭	0.9714 kgce/kg
焦炉煤气	0.5929 kgce/m^3
其他煤气	0.5800 kgce/m^3
原油	1.4286 kgce/kg
汽油	1.4714 kgce/kg
煤油	1.4714 kgce/kg
柴油	1.4571 kgce/kg
燃料油	1.4286 kgce/kg
液化石油气	1.7143 kgce/kg
炼厂干气	1.5714 kgce/kg
天然气	1.3300 kgce/m^3
其他石油制品	1.3107 kgce/kg
其他焦化产品	1.1540 kgce/kg

注：表中的其他洗煤、型煤、焦炉煤气、其他煤气、其他石油制品和其他焦化产品，统计年鉴的附录表中只给出了范围或者没有提供参考系数。对于给出范围的，本书采用算数平均值。没提供参考系数的，根据历年的能源平衡表实物量和标准量比值进行估算得出

（2）估算燃料的含碳量。燃料含碳量由燃料表观消费量与潜在碳排放因子的乘积而得。潜在碳排放因子是指燃料的单位热值含碳量。由于我国没有国内权威的燃料潜在碳排放因子，已有研究大都采用 IPCC 推荐的国际通用参数，见表2.13。

表 2.13　不同能源种类的潜在碳排放系数

能源品种	潜在碳排放系数/(t/TJ)
原煤	26.80
洗精煤	25.80
其他洗煤	25.80
型煤	25.80
焦炭	29.20
焦炉煤气	12.10
其他煤气	12.10
原油	20.00
汽油	18.90
煤油	19.50
柴油	20.20
燃料油	21.10
液化石油气	17.20
炼厂干气	15.70
天然气	20.00
其他石油制品	15.30
其他焦化产品	29.20

（3）估计用作原料、材料的燃料碳储藏量。用作原料、材料的能源消费是指石化能源产品没有作为能源使用（即不作为燃料、动力使用），其消费实质是作为生产其他产品（一般是非能源产品）的原料或作为辅助材料。因为没有发生燃烧过程，所以其使用过程的碳排放与能源的燃烧消费方式不同，不是单纯的碳原子经过氧化反应而生成 CO_2 的过程，即其内部的碳不会像燃料燃烧一样基本以 CO_2 的形式排入空气中。例如石油化学工业、化肥工业等行业生产乙烯、化纤单体、合成氨、合成橡胶等产品所消费的石油、天然气、原煤和焦炭等，这些能源作为原料投入生产过程，通过一系列化学反应从而逐步生成新的物质，构成新产品的实体。

能源用作原材料与用作加工、转换有着本质的不同。用作加工、转换的过程，投入的是能源，产出的主要产品还是能源，或属于加工、转换过程中产生的不作能源使用的其他副产品和联产品。而用作原材料时，投入的是能源，产出的主要产品却是能源范畴以外的产品，包括产出的某种产品在广义上可以用作能源

（比如可以燃烧以提供热量），但通常意义上不作能源使用（能源加工转换产出的不作能源使用的其他副产品和联产品除外）的产品。由于它只是化石燃料消费的一种趋向，因此它的值一定比化石燃料的表观消费量要小，其数据来源一般与表观消费量相同。我国的能源统计体系专门单独列出了工业终端能源消费中的用作原料、材料的能源消费量。因此，在估算化石燃料燃烧的碳排放时，需要扣除这部分能源使用后的碳储藏量。

各种能源作为原料、材料使用后的碳储藏量不同，实际监测的工作量繁重，一般采用固碳率来进行估算固碳量。

固碳量=用作原料与材料的燃料消耗量×含碳量×固碳率

固碳率就是固定在产品中的碳占原料中总碳量的百分数。表 2.14 给出了各种能源的固碳率。

表 2.14　不同能源种类的固碳率

能源品种	固碳率
原煤	0.30
洗精煤	0.30
其他洗煤	0.30
型煤	0.30
焦炭	0.30
焦炉煤气	0.30
其他煤气	0.30
原油	0.80
汽油	0.80
煤油	0.75
柴油	0.80
燃料油	0.50
液化石油气	0.80
炼厂干气	0.50
天然气	0.33
其他石油制品	0.80
其他焦化产品	0.30

（4）估算碳排放量。将燃料总的含碳量减去保留在产品中的碳储藏量，理

论上就是燃料燃烧产生的碳排放量。IPCC 推荐的碳氧化率缺省值为 1，即假定燃料完全燃烧、内部的碳完全氧化成 CO_2 的理想情况。我国目前很多研究也采用了碳氧化率为 1 的默认值。实际上，限于当前的科技水平和人为因素，燃料燃烧过程不可能为完全燃料，碳排放率很难达到 1。不同的燃料，其燃烧过程的碳氧化率也不同。通常情况下，气体的碳氧化率高于液体的碳氧化率，而液体的碳氧化率则高于固体的碳氧化率。表 2.15 给出了各燃料的碳氧化率。从而就可以计算出一个地区的碳排放量：

碳排放量 =（燃料总的含碳量−固碳量）× 燃料燃烧过程中的碳氧化率

表 2.15　不同能源种类的碳氧化率

能源品种	碳氧化率
原煤	0.980
洗精煤	0.980
其他洗煤	0.980
型煤	0.980
焦炭	0.980
焦炉煤气	0.995
其他煤气	0.995
原油	0.990
汽油	0.990
煤油	0.990
柴油	0.990
燃料油	0.990
液化石油气	0.995
炼厂干气	0.995
天然气	0.990
其他石油制品	0.995
其他焦化产品	0.980

2.4.1.2　我国区域碳排放差异性

根据区域碳排放核算模型，本章计算了 2008 年我国 30 个省份（由于数据可得性原因，没有包括西藏、台湾、香港和澳门等省份和地区）的能源消费碳排放量。为了从多个角度阐释我国区域碳排放的差异性，本书选择了碳排放密度、碳排放强度和人均碳排放等三个指标进行分析。

图2.10~图2.12显示了2008年我国各省份的碳排放状况，各省数据由大到小排序。2008年我国碳排放总量达到21.9亿t，排放量最高的四个省份依次是山东、河北、江苏和广东。当年，全国共有8个省份的排放量超过1.0亿t，其总和超过全国排放总量的50%。而排放量最低的三个省份（海南、青海和宁夏），其2008年平均排放量不足0.14亿t，相当于山东省当年排放量的7.1%左右。

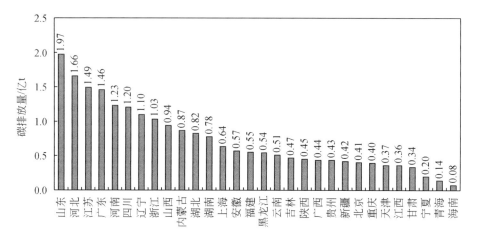

图 2.10　2008 年我国分地区碳排放量

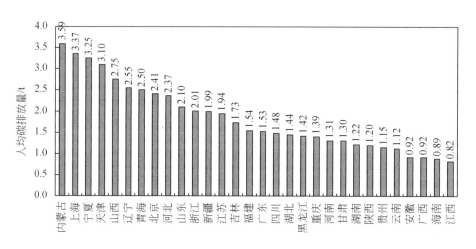

图 2.11　2008 年我国分地区人均碳排放量

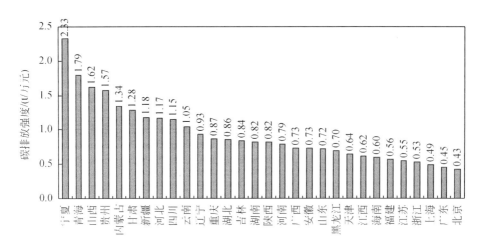

图 2.12　2008 年我国分地区碳排放强度

　　2008 年全国人均碳排放量为 1.676t，不同省份的人均碳排放差异较大。内蒙古、上海、宁夏和天津的人均碳排放均超过 3.00 t，而安徽、广西、海南和江西等四省的人均排放不足 1.00 t。

　　我国不同省份间的碳排放强度也存在较大差异。宁夏最高，达到 2.33 t/万元，远高于全国的平均水平 0.762 t/万元。而北京、广东、上海、江苏和浙江等经济发展水平较高的省市，其碳排放强度最低，仅为 0.43 ~ 0.55 t/万元，最大、最小值相差 5 倍以上。

　　从空间分布来看（图 2.13 ~ 图 2.15），我国碳排放密度（以单位国土面积的碳排放量来表征）总体上呈由东部沿海向中部和西部地区递减的趋势，高排放区域主要集中在东部沿海发达地区，总体形成辽宁-河北-山东-江苏-浙江的高排放连绵带（以环渤海区和长三角为主）和珠三角高排放区。通过对照我国城市空间分布格局，碳排放密度与经济发达地区具有很好的相关性。

　　人均碳排放的空间分布与碳排放密度较为不同，基本上是北高南低的态势。内蒙古、山西、辽宁和青海等资源型省份的人均排放较为突出。与碳排放密度大致相反，碳排放强度的空间分布则是由西部内陆省份逐渐向东部沿海地区递减。西部省市的碳强度普遍高于东部省市，这与其经济发展水平密切相关。总的来说，碳排放密度与经济发展水平呈正相关，而碳排放强度与经济发展水平呈负相关，而人均碳排放的影响因素较为复杂，但是资源禀赋较好的地区人均排放量较高。

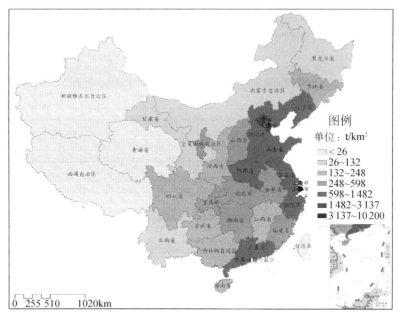

图 2.13 2008 年中国碳排放密度的空间分布

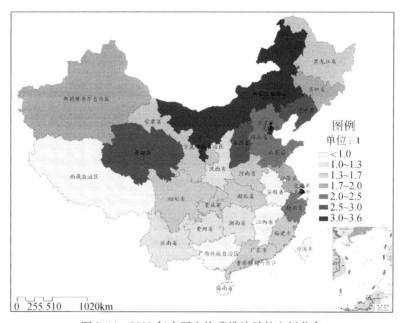

图 2.14 2008 年中国人均碳排放量的空间分布

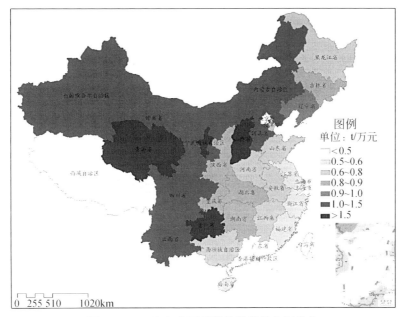

图 2.15　2008 年中国碳排放强度的空间分布

　　通过初步分析可知，经济发展水平越高的省份，其碳排放总量也越高，而碳排放强度则越低，这与第三章的分析结论基本一致。实际上，不同省份的碳强度与经济发展具有不同的关系。本书将经济发展水平和碳强度进行耦合分析和对比，可以粗略地将我国不同省份的经济发展分为 4 种发展状态（图 2.16），即高经济水平的高碳发展状态（第Ⅰ象限）、低经济水平的高碳发展状态（第Ⅱ象限）、低经济水平的低碳发展状态（第Ⅲ象限）和高经济水平的低碳发展状态（第Ⅳ象限）。

　　高经济水平的高碳发展状态主要包括内蒙古和辽宁两个省份。这两个省的煤炭等自然能源储量丰富，产业结构以资源型的高能耗产业为主。凭借较好的资源禀赋，经济水平取得了较大的提高，但是这种经济发展也伴随着碳基能源的大量消耗，是以较高的碳排放强度为代价的。

　　低经济水平的高碳发展状态涵盖了宁夏、青海、山西、贵州、甘肃、四川、新疆、河北、云南、重庆、湖北、湖南、山西、吉林和河南等我国将近一半的省市。这些省市大都是处于西部和中部等经济欠发达地区，经济发展处于起步阶段，由于技术水平落后而导致能源利用效率相对低下，并且这些地区对高耗能产业的依赖性较强，从而导致了较高的碳排放水平。

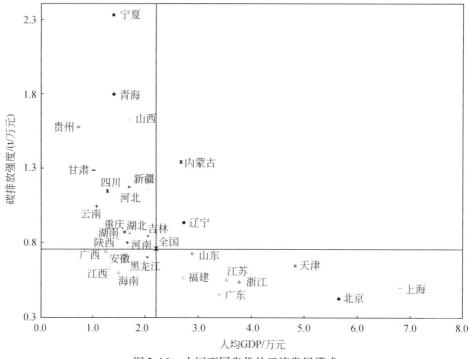

图 2.16　中国不同省份的经济发展模式

低经济水平的低碳排放状态包括海南、江西、黑龙江、安徽和广西等 5 个省份。由于经济发展水平较低，对碳基能源的需求不大，因此碳排放强度处于较低的水平。

高经济水平的低碳排放状态主要有上海、北京、天津、浙江、江苏、广东、山东和福建等东部沿海的经济发达地区。虽然这些地区的碳排放密度较高，但是其高水平的经济发展保证了较低的碳排放强度。

2.4.1.3　我国碳排放的区域类型

本书以碳排放强度、人均 GDP、资源禀赋指数和高耗能产业比重等 4 个变量作为聚类依据，将全国 30 个省市划分为四种低碳发展类型。

1）发达型低碳发展区域

这类发展类型包括北京、天津和上海，这三个直辖市地处东部沿海，区域的化石能源产量极少，但是凭借其区位优势而获得了较早较好的发展机遇，当前的经济发展水平遥遥领先全国，工业内部结构也正在逐步优化升级，高耗能产业占工业的比重基本处于全国平均水平。由于经济总量较大，碳强度普遍相对较低，处于经济发达的低碳发展阶段（如图 2.17 所示）。从雷达图（图 2.18）的形状可容易看出该类型的高经济水平和低碳特征。从总体上来看，该区域未来碳强度

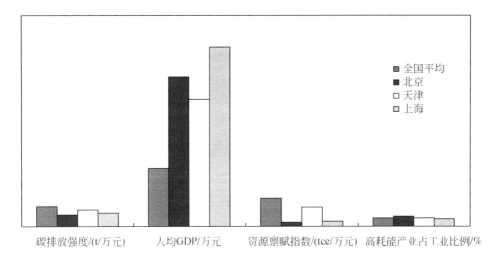

图 2.17　发达型低碳发展区域的指标

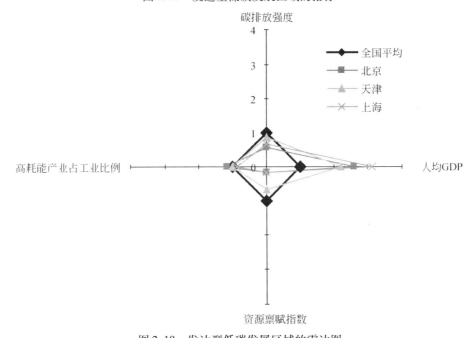

图 2.18　发达型低碳发展区域的雷达图

注：雷达图由区域各项指标值与全国平均水平的比值构成。图中粗线表示全国平均水平，

各数轴的数值均为 1

仍有较大的下降空间，也应成为全国低碳发展的示范区域。资源禀赋的不利条件为区域改善能源结构提供了动力，促使区域大力发展风能、核能和太阳能等可再生能源。按照经济发展规律，随着经济发展的进一步提升，也要求政府部门积极推进产业升级。该区域未来低碳发展的重点应该进一步优化能源结构和产业结构，提高技术密集型产业的比重。针对这类发展区域的 SEA 工作应重点考虑能源结构和工业产业结构指标及其合理性。

2）均衡型低碳发展区域

均衡型低碳发展地区主要包括江苏、浙江、福建、山东和广东等东部沿海地区，经济发展水平普遍位于全国平均水平以上而碳强度相对较低。资源禀赋相对缺乏，工业内部结构相对优化，高耗能产业所占地区工业产值的比重低于全国平均水平，和发达型低碳发展区域有着较相似的特征（如图 2.19 所示）。从雷达图（图 2.20）可以看出这些地区处于低碳发展各项指标都较为均衡的阶段，除了人均 GDP 之外，其他指标都低于全国平均水平。随着经济发展水平的不断提高，碳强度水平必将进一步下降，低碳发展潜力很大。因此，未来这类地区的低碳发展要在进一步优化产业结构的同时，充分重视经济增长和人均 GDP 的提高，逐步转变为发达型低碳发展方式。同时和发达型低碳发展区域一样，由于资源禀赋缺乏，区域具有大力发展风能、核能和太阳能等可再生能源、改善能源结构的强烈愿望和动力。SEA 在评价该类地区低碳发展的过程中，要深入分析区域经济发展和能源结构对低碳发展目标可达性的作用机制。

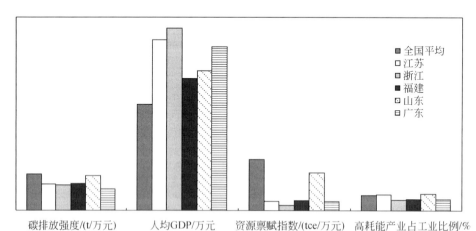

图 2.19 均衡型低碳发展区域的指标

3）资源型高碳发展区域

资源型高碳发展区域包括山西、内蒙古、辽宁、贵州、山西、青海、宁夏和

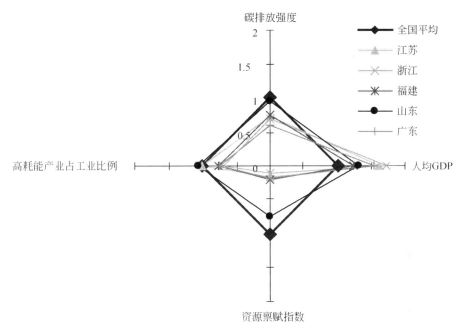

图 2.20 均衡型低碳发展区域的指标

新疆等省份和地区。这些地区大都位于我国西部，自然资源禀赋条件非常优越，而由于区位和历史原因而经济发展水平较为落后。也正是由于地区的能源资源丰富，在发展资源能源密集型产业方面具有较大的比较优势，决定了这些地区的高耗能产业往往是地区经济发展的支柱性产业，在工业行业产值中的比重很大（如图 2.21 所示）。资源能源密集型行业在创造相等产值的同时，碳排放量也较大，碳排放强度较高，这就造成了该地区低碳发展雷达图（图 2.22）的菱形特征：资源禀赋和碳强度指标双高。同时也应认识到，这些地区的经济发展水平还比较低，其高碳发展的现状受限于地区的资源禀赋，自然资源禀赋决定着该地区具有发展能源密集型行业的客观需求。低碳是一个相对的概念，低碳发展是经济发展低碳化的过程，因此这些地区的低碳发展目标和碳排放评价标准要因地制宜、因时制宜的制定，不应在碳强度绝对值上要求达到全国平均水平或者某一标准，而要强调碳排放削减绩效和碳强度下降幅度，即地区在低碳发展方面的努力程度。因此，SEA 的低碳评价一方面要重视区域的经济发展衡量指标，促进该地区经济的快速发展，另一方面要通过构建过程性指标，定量考虑区域碳强度的削减绩效，这是该类区域 SEA 所要重点考虑的工作。

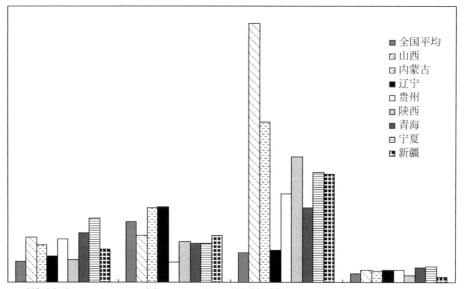

图 2.21 资源型高碳发展区域的指标

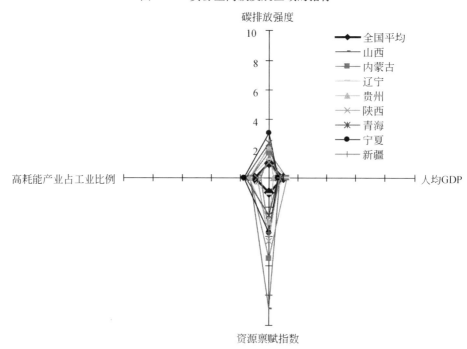

图 2.22 资源型高碳发展区域的雷达图

4）发展型高碳发展区域

发展型高碳发展区域包括河北、吉林、黑龙江、安徽、江西、河南、湖北、湖南、广西、海南、重庆、四川、云南和甘肃等中西部地区。这些地区资源禀赋差异性较大，人均 GDP 指标较低，但是基本都处于社会经济的快速发展阶段，典型标志就是高耗能产业快速上马，在地区工业体系中的比重日益增加，这也造成了该类区域经济发展水平较低而碳排放强度较高的现状（如图 2.23 和图 2.24 所示）。因此，未来这些地区要推进低碳发展，首先要在保证经济增长的同时积极转变经济发展方式，构建具有区域特色的低碳产业体系，探索适合本地区发展的低碳路径。资源禀赋较好的地区在发展能源密集型行业的同时，要提高能源利用效率，注重低碳技术的研发和推广利用。不具备资源禀赋优势的区域应积极改善能源结构，控制高耗能行业的膨胀性发展，结合区域特色大力发展可再生能源和技术密集型的新兴战略性产业。发展型高碳发展区域的低碳化转型关系着我国低碳发展目标的全局，SEA 应该全面分析地区低碳发展的基础条件和机遇优势，从发展阶段、产业结构、能源利用、技术水平以及制度建设等多方面构建评价指标，寻求适合区域发展的低碳之路。

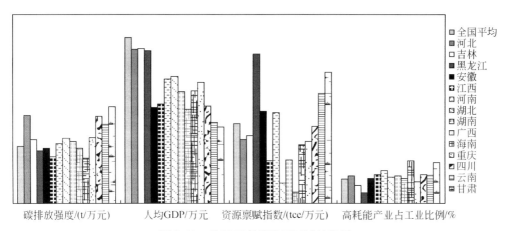

图 2.23　发展型高碳发展区域的指标

5）区域分类小结

综上，根据区域碳排放的差异性，我国 30 个省市的低碳发展方式可总结为 4 个发展类型，其涉及的区域和 SEA 关注重点如表 2.16 所示。

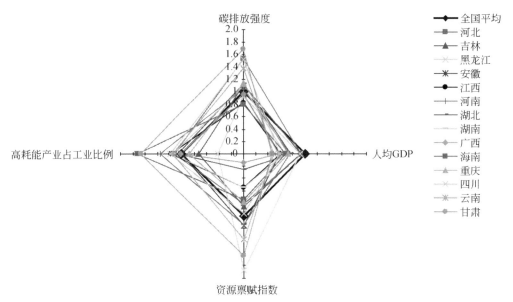

图 2.24 发展型高碳发展区域的雷达图

表 2.16 我国省市低碳发展类型划分

类型	区域	SEA 关注重点	
		共性指标	差异性指标
发达型低碳发展区域	北京、天津、上海	低碳发展（碳强度指标）	能源结构（可再生能源）、工业产业结构（技术密集型产业发展）
均衡型低碳发展区域	江苏、浙江、福建、山东、广东	经济发展（人均GDP指标）	能源结构（可再生能源）
资源型高碳发展区域	山西、内蒙古、辽宁、贵州、陕西、青海、新疆		碳排放削减绩效（过程性指标）、能源效率（万元 GDP 能耗）
发展型高碳发展区域	河北、吉林、黑龙江、安徽、江西、河南、湖北、湖南、广西、海南、重庆、四川、云南、甘肃	区域特色指标	发展基础（资源禀赋）、工业产业结构（高耗能产业控制）、能源效率（万元 GDP 能耗）

2.4.2 行业碳排放差异性

我国碳排放在空间区域上表现出明显的差异性，这与不同区域的产业结构密切相关。不同的产业由于生产方式和能耗强度极为不同，因此也具有较大的强度差异性。深入分析不同行业的碳排放特征，有助于 SEA 更好地把握产业结构调整对低碳发展的作用。本节通过对我国不同行业碳排放的分析，剖析不同行业的碳排放差异性及其对区域碳排放的贡献。

2.4.2.1 行业直接碳排放核算方法

行业的直接碳排放是指行业因生产、消费或出口所需，在生产过程中直接消耗的化石能源所产生的碳排放量。对我国不同行业的碳排放进行核算，本书采用 IPCC 核算模型。鉴于无法区分行业能源消耗中用于原料、材料的消费量且其所占比例较小，因此忽略该部分对碳排放的影响。行业化石燃料燃烧的碳排放量计算公式可以表达为

$$C = \sum_i C_i \qquad\qquad (\text{式 2.39})$$
$$C_i = Q_i \times \beta_i \times \alpha_i \times \gamma_i$$

式中，C_i 是用于某行业的第 i 种化石燃料的碳排放量（t）；Q_i 是该行业第 i 种化石燃料的实物消费量（t）；β_i 是第 i 种化石燃料的能源转换系数（标准煤换算系数与标准煤能源转换系数的乘积，TJ/tce）；α_i 是第 i 种化石燃料的潜在碳排放因子（t/TJ）；γ_i 是第 i 种化石燃料燃烧过程的碳氧化率。

行业划分采用国际上通用的产业结构分类法，并结合《中国统计年鉴 2009》和《中国能源统计年鉴 2009》对行业的划分方法，具体分为农林牧渔水利业、工业、建筑业、交通运输仓储和邮政业以及其他行业等。其中农林牧渔水利业即为第一产业，工业和建筑业对应为第二产业，交通运输仓储和邮政业以及其他行业对应为第三产业。

不同行业的能源消耗数据来源为《中国能源统计年鉴 2009》的分行业能源消费总量，主要包括煤炭、焦炭、原油、汽油、煤油、柴油、燃料油和天然气等 8 种能源从 1995 年到 2008 年的行业终端消费数据。

2.4.2.2 行业直接碳排放差异性特征

1）总体特征

从总量上来看，工业行业是我国碳排放的绝对主要部门。2008 年工业行业的碳排放量占全国排放总量的比重达到 88.5%，其次是交通运输仓储和邮政业以及生活消费领域的碳排放，分别占全国排放总量的 5.1% 和 3.2%。排放量最少的行业依次是建筑业、批发零售业和住宿餐饮业以及农林牧渔水利业（图 2.25）。从

2005～2008 年的行业碳排放时间序列变化来看（图 2.26 和图 2.27），近几年我国行业碳排放的格局基本稳定，但是作为排放大户的工业、交通运输仓储和邮政业以及生活消费的碳排放增加较快。工业行业碳排放总量由 2005 年的17.1 亿 t增加到 2008 年的 20.8 亿 t，年平均增速约 6.8%。交通运输仓储和邮政行业则由

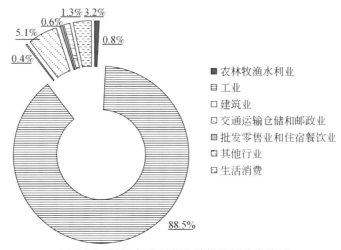

图 2.25　2008 年我国行业碳排放量分布格局

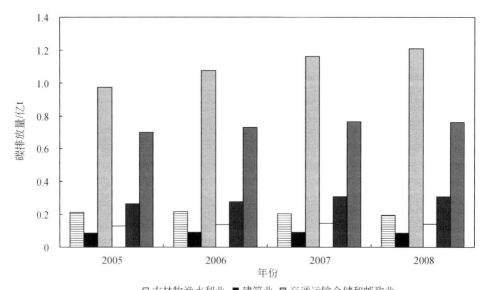

图 2.26　2005～2008 年我国行业碳排放量变化

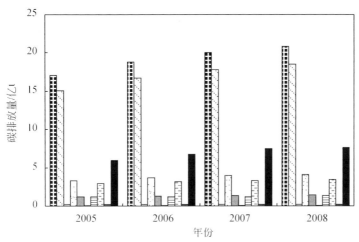

图 2.27 2005～2008 年我国工业及主要高耗能产业的碳排放量变化

0.97 亿 t 增加到 1.2 亿 t，年平均增速 7.4%，生活消费直接碳排放在此期间年均也增长了 2.8%。

从排放强度来看，工业部门的碳排放强度最高，下降幅度也最大，从 2005 年的 2.21 t/万元下降至 2008 年的 1.89 t/万元，年均下降 5.1%。交通运输仓储和邮政业的碳排放强度也由 0.91 t/万元变为 0.86 t/万元，位列第二。其他行业的碳排放强度都非常低，均小于 0.10 t/万元的水平（图 2.28）。由此也可以看出，未来我国碳强度的减排空间将主要来自工业部门和交通运输行业。对生活消费领域，本书用人均消费碳排放来衡量。从 2005 年到 2008 年，我国年人均消费的碳排放均维持在 550kg 左右的水平，增长幅度不大且远低于世界平均水平。

2）工业行业碳排放

工业行业是我国碳排放的绝对大户，而从图中易知，主要高耗能行业则是工业部门碳排放的主要来源，近几年来这些行业均占工业碳排放总量的 88% 以上（高耗能行业参照岳超等的划分类别）。进一步对这些高耗能行业进行分析（图 2.29 和图 2.30），2007 年我国黑色金属冶炼及压延加工业、化学纤维制造业和非金属矿物质制品业三个行业对碳排放总量的贡献超过 80%，并且化学纤维制造业的碳排放强度高达 48.8 t/万元，远远超出全国行业平均水平的 4.4 t/万元，黑色金属冶炼及压延加工业和非金属矿制品业的碳排放强度高于行业平均值，因

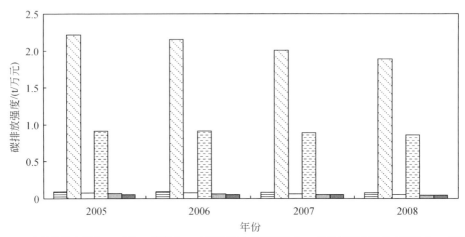

图 2.28   2005~2008 年我国行业碳排放强度变化

此这三个行业属于典型的高碳排放行业。

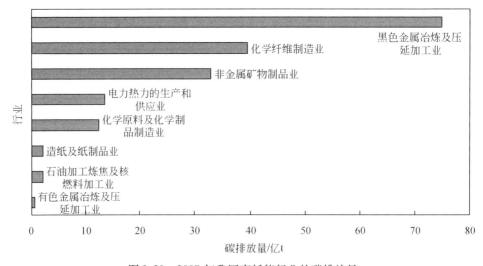

图 2.29   2007 年我国高耗能行业的碳排放量

2.4.2.3   行业完全碳排放及其减排敏感性分析

现代经济学的研究表明，随着产业分工的细化，不同行业之间的联系日益紧密。某一产业的投资拉动或规模扩张，很有可能会对为它提供原料的相关产业产

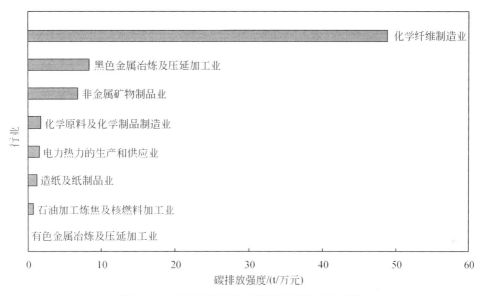

图 2.30　2007 年我国高耗能行业的碳排放强度

生极大的促进作用，从而对整个区域的碳排放产生较大的影响。这种碳排放的增加可以视为该产业的完全碳排放量。而排放敏感性就是分析某一行业经济活动水平变化一个百分点而引起的区域碳排放总量的变化程度。刘红光等利用我国的非竞争型投入产出表，研究了不同产业的能源消费完全碳排放，并探讨了我国经济结构调整的碳排放敏感性。

从行业完全碳排放来看，建筑业和工业中的机械制造业则成为区域碳排放的最主要贡献者。随着我国经济发展水平和人们生活水平的提高，与基础设施紧密相连的建筑业发展迅速，建筑业投资规模巨大。2007 年我国房屋建筑面积达 48.2 亿 m³，公路里程新增 13 万 km，分别是 2002 年的 2.2 倍和 1.86 倍，而建筑业的发展需要大量的水泥、石灰等非金属产品、钢铁铝材等金属材料以及塑钢等化工产品，建筑业投资的增加必然间接引起这些行业碳排放的增加。因此，建筑业的发展是我国当前碳排放敏感性最高的部门，在技术水平和能源消费结构不变的情况下，建筑业每变化一个百分点，全国碳排放总量将变化 0.255 个百分点。现在我国各个地区都在大力发展基础性设施建设，建筑业应成为 SEA 低碳评价的关注内容之一。

机械制造业不仅在投资过程中需要消耗大量金属能源产品，而且在生产过程中也需要大量钢铁、化工等高耗能原材料作为中间投入，而我国又是机械产品的出口大国，2007 年机械运输设备的出口总额达 5770 亿美元，最终导致机械制造业成为完全排放的主要行业。在其他情况不变的情况下，机械制造业的出口和投资活动水平每变化一个百分点，碳排放量总量将分别变化 0.136 和 0.088 个百分点。

因此，SEA 可以注重以下措施以有效推进区域和行业的低碳发展：鼓励发展小户型住宅，加强对建筑物质量的监管，抑制大规模基础设施特别是高速公路的盲目建设，在发展规划中注重提高城市的紧凑型；积极调整产业结构，提高机械运输电气设备制造业的技术水平，对金属、化工等高耗能原材料实施进口替代战略，发展高附加值产业也可以显著减少碳排放的增长。

3

基于低碳发展目标的规划
环境影响评价技术框架

3.1 指导思想与评价原则

　　基于低碳发展目标的 SEA，其根本任务是在战略规划的编制阶段，通过对低碳发展目标的可达性分析，预测和评估拟评规划的发展目标、指标和规划方案的实施可能对碳排放产生的影响，并对产业、能源、交通、建筑以及生活消费和管理制度等领域提出低碳化措施和建议的过程。

　　同时，SEA 也是优化决策、促进可持续发展的多目标评价工具。从某种意义上讲，我国解决能源危机和环境污染比应对气候变化更加重要和紧迫，低碳发展应同缓解国内的能源环境问题紧密结合，因此基于低碳发展目标的 SEA 应注重分析低碳发展目标与生态环境保护目标、循环经济发展目标和节能减排工作目标的协调性和有效结合。在战略规划制定过程中，SEA 要充分协调这些发展理念的关系，并将其合理融入已有的发展规划体系，使其为科学发展保驾护航。

　　我国政府已经向世界承诺了碳减排目标，未来的发展战略（特别是国民经济与社会发展"十二五"规划）必将规定地区和行业的碳减排责任分担，并要求设置碳排放的约束性目标或相关标准。同时，低碳发展也涉及能源利用、产业发展、生活消费方式以及社会管理制度等各个方面。因此，我国 SEA 应以实现碳强度减排目标为刚性约束条件，以保证社会经济又快又好发展为前提，以转变社会经济发展方式为最终目的，围绕这个约束条件和最终目的开展现状调查、问题识别和预测分析，并通过完善战略规划建议而促进产业低碳化、能源低碳化、交通建筑和消费低碳化以及碳汇体系的构建和发展。

3.2 技术路线与评价内容

3.2.1 技术路线

鉴于碳排放涉及社会经济系统的各个层面，为了全面、深入评价区域/行业的低碳发展，本书认为基于低碳发展目标的 SEA 应该从规划分析、现状调查、目标指标构建、预测分析以及建议措施等评价全过程融入对低碳因素的考虑。基于对碳排放特点及其影响因素的分析，并参考以往 SEA 融合发展理念的经验，本书初步提出低碳全过程融入 SEA 的评价技术路线，如图 3.1 所示。当然，对于某些战略规划，可能仅仅会对碳排放的某一方面产生影响，例如林业发展规划对碳汇资源的影响等，可以根据实际情况设置低碳发展评价专章进行分析，具体内容可在参考本技术路线的基础上加以改动。

3.2.2 评价内容

3.2.2.1 规划筛选

不同行业的战略规划对低碳发展和碳排放的影响程度不一。对于某些规划，SEA 没有必要进行全面深入的碳排放分析和低碳发展评价。为了提高评价效率，SEA 首先需要对拟评战略规划的性质进行筛选，以识别该规划是否需要进行低碳发展评价。

通过本书前两章的分析可知，低碳发展或者说碳排放的可能的影响因素可归纳为产业规模、产业结构、能源消费强度、能源消费结构、技术水平、生活消费方式、碳汇建设和气候变化适应性等，因此 SEA 可使用核查表法和专家咨询法，初步判断拟评战略规划与碳排放的相互影响程度。

本书对我国"环评法"及相关法规要求进行 SEA 的战略规划以及对我国区域发展最为重要的国民经济与社会发展规划进行了初步识别（表 3.1）。国民经济与社会发展综合性规划、工业指导性和专项规划、能源指导性和专项规划以及城市建设专项规划和指导性专项规划的实施对碳排放和低碳发展的影响程度最大。

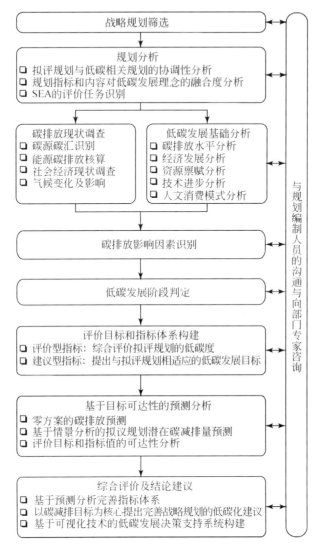

图 3.1   基于低碳发展目标的我国战略环境评价技术路线

表 3.1   我国主要战略规划与低碳发展的关系核查表

	产业规模	产业结构	能源消费	能源消费结构	技术水平	生活消费方式	碳汇建设	气候适应性	总体评价
工业规划	+++	+++	++	+	++		+		12
农业规划	+	+	+				++	++	7
畜牧业规划	+	+	+				+	+	5

续表

	产业规模	产业结构	能源消费	能源消费结构	技术水平	生活消费方式	碳汇建设	气候适应性	总体评价
能源规划	++	+	+++	+++	++	+			12
水利专项规划			+	++			+	++	6
交通规划	+		++	+	+	+	+	+	8
城市建设规划	++	+	++			++	++	+	10
旅游规划			+			++			3
自然资源开发规划	+			+++			+	+	6
土地利用总体规划	++					+	+++		6
区域建设开发利用规划	++	++	++				+		7
海域建设开发利用规划			+					++	3
林业指导性专项规划	+	+		+				+++	6
民用机场总体规划							+	+	2
国民经济与社会发展规划	++	++	++	++	++	+	+	+	13

注：+表示有影响，++表示有较大影响，+++表示有极大影响。总体评价表示规划与低碳发展的关系密切程度（分值为+数量之和）；

规划种类根据《编制环境影响报告书的规划的具体范围（试行）》和《编制环境影响篇章或说明的规划的具体范围（试行）》（环发（2004）98 号）整理而来，表中没有标明规划类型的都表示既包括指导性规划也包括专项规划

　　在实际操作中，战略规划 SEA 是否需要进行全面的碳排放分析和低碳评价，即工作等级的判断不但取决于规划的种类和性质，还要综合考虑规划涉及的发展规模和经济活动范围等多种因素。一般而言，本书认为，综合评价大于 10 的国民经济与社会发展规划、工业指导性和专项规划、能源指导性和专项规划以及城市建设专项规划和指导性专项规划的 SEA 必须进行全面的低碳发展评价；综合评价小于 5 的规划 SEA 可不用考虑规划实施对碳排放的影响，包括旅游的有关专项规划和指导性专项规划、海域的建设开发利用规划以及民用机场总体规划等。对于其他战略规划，SEA 不必针对其与碳排放的相互影响关系进行全面的分析和预测，但是在影响识别过程中要重点分析规划的实施可能对低碳发展造成影响的某一个或几个方面，例如林业指导性专项规划要重点分析对碳汇资源建设的促进

作用，交通规划要注重分析规划实施可能造成的能源消费总量的增长以及由此产生的碳排放对区域低碳发展目标的影响。

3.2.2.2 规划分析

在初步判定了对战略规划进行低碳评价的工作等级之后，SEA 要进一步对评价对象做更全面的了解：在充分理解拟议战略规划的基础上进行，简要阐明并分析战略规划的编制背景、规划目标、规划内容、实施方案及其与其他战略规划的关系。基于低碳发展目标的 SEA 通过规划分析，识别拟议的战略规划对低碳理念和低碳发展目标的相互影响关系和融合程度，从而确定工作等级、工作任务和评价目标。规划分析主要包括协调性分析、融合度分析和评价任务识别等内容。

1）协调性分析

协调性分析主要是通过专家咨询、类比分析和核查表等手段，识别拟议的战略规划与所在区域/行业其他规划在发展目标、规划内容和实施方案等方面的一致性。如果所在区域或行业已有低碳发展相关的专项规划或指导政策，例如《天津市应对气候变化和低碳经济发展"十二五"规划》《吉林市低碳发展计划》等，SEA 要重点分析拟议战略规划与这些低碳发展相关规划在碳排放目标、产业发展和能源结构指标方面的一致性。另外，规划分析还要考虑拟议规划与上层规划以及低碳发展关系密切的其他专项规划在碳排放目标、规划内容和实施方案等方面的协调性，包括国民经济与社会发展综合性规划、能源专项规划和工业专项规划等。

2）融合度分析

在协调性分析的基础上，特别是如果区域/行业尚未出台低碳规划和发展政策的情况下，SEA 应全面分析拟议战略规划的各部分内容对低碳发展及其影响因素的融合程度，也可称为战略规划与低碳发展的关联性分析。融合度分析主要利用核查表、专家和部门咨询以及头脑风暴法，对战略规划内容进行逐一判断和分析，研究其对低碳发展的影响和促进程度。其中低碳发展的影响因子指标要根据战略规划的内容和实际情况选取，核查表可以如表 3.2 所示进行设计。

表 3.2　战略规划与低碳发展发展目标的融合度分析

影响因子	战略规划的主要内容									
	总体规模	区域布局	产业发展	产业结构	交通建设	水利建设	建筑业	基础设施	保障措施	其他内容
碳排放量										
产业规模										

续表

影响因子	战略规划的主要内容									
	总体规模	区域布局	产业发展	产业结构	交通建设	水利建设	建筑业	基础设施	保障措施	其他内容
产业结构										
能源结构										
技术水平										
消费方式										
碳汇建设										
气候适应										

3）评价任务识别

随着社会经济的发展和环保意识的普及，大多数规划在编制过程就开始融入对环境保护的考虑，SEA 的功能也随之发生变化。实际上，SEA 重在一个"评"字，不管是第三方评价还是规划制定者的自我评价，其目的都是分析拟评规划对低碳发展理念的融合程度，评价战略规划对"低碳理念落实"或"碳减排目标实现"的推动作用或不利影响，并进而提出相应的建议措施。这与专门的低碳发展规划侧重点不同，不能混为一谈。对大部分尚未考虑低碳发展或未明确提出低碳发展目标的战略规划，重点在于碳排放影响因素识别，通过建立评价指标进行预测分析，以评价该规划对实现低碳发展目标的有利或不利影响，最终目的是协助规划制定者完善低碳发展相关的指标体系，并提出相应的建议措施。而针对已经对低碳发展有所考虑的战略规划，SEA 的重点应该是评价这些战略规划所提出的低碳目标和低碳措施的可实施性和科学性，难点是基于拟评区域和行业的特点确定指标的评价标准，进而利用情景分析和碳排放预测模型等工具进行对比评价，最终目的是完善战略规划对低碳发展的考虑。

3.2.2.3　现状调查与分析

SEA 的现状调查具有两个方面的功能：首先掌握评价区域范围内的主要污染源和环境质量现状，为评价因子识别和目标指标筛选提供基础依据。低碳评价关注的是碳排放的总量控制，因此基于低碳发展目标的 SEA 现状调查是要调查区域或行业的主要的碳源和碳汇，从而明确温室气体的排放现状。其次，随着现代环境评价和预测技术的不断发展，SEA 对基础数据的要求也越来越高，现状调查还应与整个 SEA 的技术过程相结合和沟通，肩负着为预测和评价模型提供基础数据的功能。基于碳排放影响因素识别、低碳发展阶段判定、预测评价和决策支持系统构建的信息需求，现状调查一般应包括碳源碳汇、能源碳排放以及社会经济等方面的内容。另外，鉴于低碳发展是全球气候变化的应对措施，因此本书认为基于低碳发展目标的 SEA 还应关注区域的气候变化状况及相应的适应措施。

1）碳源碳汇调查

碳源碳汇主要包括能源活动、工业生产过程、农业与林业及其土地利用变化、城市废弃物处理等四个主要类型，具体的调查内容要根据战略规划所涉及的范围而定。根据《中国温室气体清单研究》，能源活动排放是指矿物燃料燃烧的 CO_2 和 N_2O 排放、煤炭开采和矿后活动的 CH_4 排放、石油和天然气系统的 CH_4 逃逸排放以及生物质燃料燃烧的 CH_4 排放。工业生产过程的排放源包括水泥、石灰、钢铁和电石生产过程的 CO_2 排放以及己二酸生产过程的 N_2O 排放。农业活动是指稻田、动物消化道、动物粪便管理的 CH_4 排放和 N_2O 排放。土地利用变化和林业的调查范围包括森林和其他木质生物碳储量的变化以及森林转化为非林地引起的 CO_2 排放。城市废弃物处理主要是固体废弃物处理过程以及生活污水和工业废水的 CH_4 排放。由于 CO_2 是最主要的温室气体，能源活动是人为 CO_2 排放的主要来源，基于数据可得性和排放因子的可确定性，SEA 一般针对能源活动的 CO_2 排放源进行分析。当然，针对特殊的战略规划，如果对其他碳源或对 CH_4、N_2O 排放影响较大，现状调查还要区别对待，识别出区域最主要的温室气体排放来源。

2）能源碳排放调查

能源碳排放调查是在碳源碳汇调查的基础上，掌握评价区域或行业的碳排放现状，这是现状调查的重点工作。

首先要进行能源生产和消费数据的分析，主要是为了计算能源活动产生的碳排放量，并为分析碳排放削减途径提供基础数据。能源活动的调查内容主要包括区域或行业历年来的能源资源生产量、能源资源种类、化石能源消费总量、化石能源消费结构、可再生能源的生产开发量和利用比重；三次产业和主要工业行业以及高耗能行业的能源终端消费量和终端消费结构；能源终端消费量的年均增长率以及能源强度以及区域或行业的既定节能减排目标等。其次利用 IPCC 推荐以及本文改进的碳排放核算模型，分别计算区域或行业历年来的碳排放总量以及排放量分布状况。

3）社会经济调查

社会经济调查包括经济产业发展现状和社会发展现状。碳排放与经济产业规模关系密切，也受城镇化水平和人口增长的影响，为了有效识别影响区域或行业碳排放的主要因素，SEA 应详细调查和分析经济总量、主导产业、三产结构、工业内部结构、人口总量和人口结构以及城镇化水平等。由于高耗能产业是典型的高碳排放行业，因此要重点对工业内部结构中的高耗能产业、技术密集型产业的发展进行分析。

4）气候变化调查

该部分描述评价区域的气象、气候和水文条件的历史变化趋势，简要分析高温的风险、暖冬后的寒潮、干热夏天、海平面上升、洪涝风险增加以及极端天气事件的潜在变化，并评价气候变化可能对区域水资源、粮食安全、生物多样性以及人体健康的不利影响，确保战略规划制定足够的适应措施以应对未来的气候变化影响。

3.2.2.4　低碳发展基础分析

低碳发展是在保证经济发展的前提下尽量减少碳排放，以应对全球气候变化。如何有效协调经济发展与碳减排的关系，成为区域发展低碳化转型是否成功的关键。因此，不同区域或行业的低碳发展要充分挖掘自身的潜在优势，结合资源禀赋和产业发展特色来选择多样化的低碳发展之路。SEA 对战略规划的低碳评价，需要建立在对区域或行业的低碳发展的潜力和特色充分调研的基础上，对区域或行业进行低碳发展潜力的 SWOT 分析。

1）分析方法

SWOT 分析法是对区域或行业低碳发展的自身优势和劣势、所面临的外部机会和威胁进行分析和对比，从而确定最优发展战略的过程。该方法形式上表现为构造 SWOT 结构矩阵，并对矩阵的不同区域赋予不同的分析含义；内容上，主要运用系统分析的综合分析方法，将低碳发展相关的内部和外部因素相互匹配起来，得出一系列适合区域或行业低碳发展的模式和对策。在对低碳发展关键因素分析的基础上，通过优势与机会（SO）、劣势与机会（WO）、优势与威胁（ST）、劣势与威胁（WT）四个条件因素进行组合，从而确定区域或行业低碳发展的战略思路（图 3.2）。

2）分析内容

SEA 要科学有效的评价战略规划的低碳发展内容，保障低碳发展目标的实现，需要从经济发展阶段、资源禀赋、技术进步和消费模式这四个角度全面调查和评价区域或行业的现状特点，从而识别低碳发展的基础、机遇和潜力。除此以外，SEA 在该阶段还要对区域或行业碳排放水平（碳排放强度、人均碳排放和人

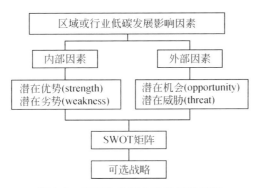

图 3.2　SWOT 分析方法的逻辑框架

均生活消费碳排放等指标）及其与国内国际先进水平进行对比分析，确定本地区经济发展的低碳程度。对这五方面内容的分析，是基于低碳发展目标的 SEA 基础分析工作的主要内容。

（1）碳排放水平分析。我国的碳排放特点和低碳发展内涵决定了我国政府提出的是强度减排的发展目标，因此 SEA 对区域或行业的碳排放水平的分析也基于单位 GDP 产出的碳排放强度指标。在碳排放总量核算和社会经济调查的基础上，分析区域或行业历年的碳排放强度及其变化趋势，并与全国平均水平、国内发达地区水平以及国际领先水平进行比较，认清区域或行业的低碳发展目标的差距。

（2）经济发展阶段分析。经济发展的水平在很大程度上影响着能源消费强度与碳排放规模。对于我国而言，不同地区的经济发展规模和产业结构差异性较大，而不同产业的碳排放强度也大不相同，因此由于处于不同的经济发展阶段，使得不同地区在经济发展低碳化转型时面临的问题也有所不同，相应的政策措施、路径选择和减排成本也将有所不同。经济发展阶段综合代表了产业结构、工业结构、人均收入和城市化水平等多种因素对碳排放影响，所以是 SEA 判断一个地区或行业低碳发展水平的最重要的参考依据。

发达国家的经济发展经验表明，区域或行业的经济发展水平越高，产业产品的技术含量也越高，其整体的碳排放强度也越低。随着经济的快速发展，碳排放也会有越来越大的削减空间。

人均 GDP 指标。人均 GDP 是最常见的衡量国家或地区经济发展水平的指标。目前，国内外学术界主要使用钱纳里基于人均 GDP 的方法将工业化进程划分为 3 个阶段 6 个时期的标准，中国学者郭克莎对钱纳里标准进行了适度调整与扩展，具体见表3.3。

表3.3 钱纳里工业化阶段划分标准 （单位：美元）

人均GDP 年份 \ 阶段	前工业化阶段	工业化阶段			后工业化阶段	
	初级阶段	工业化初期	工业化中期	工业化后期	初级	高级
1964 年	100 ~ 200	200 ~ 400	400 ~ 800	800 ~ 1500	1500 ~ 2400	2400 ~ 3600
1995 年	610 ~ 1220	1220 ~ 2430	2430 ~ 4870	4870 ~ 9120	9120 ~ 14 600	14600 ~ 21900
1998 年		1200 ~ 2400	2400 ~ 4800	4800 ~ 9000	9000 ~ 16 600	
2000 年	660 ~ 1320	1320 ~ 2640	2640 ~ 5280	5280 ~ 9910	9910 ~ 15 850	15 850 ~ 23 771
2005 年	745 ~ 1490	1490 ~ 2980	2980 ~ 5960	5960 ~ 11 170	11 170 ~ 17 890	17 890 ~ 26 830

产业结构发展指标。根据经济学关于产业结构演变和工业化发展阶段的理论，产业结构和工业化水平具有高度的相关性。在工业化初级阶段，第一产业比重较高，第二产业比重较低。随着工业化的推进，第二产业的比重迅速上升，而第三产业的比重开始缓慢提高，当第一产业的比重降低到20%以下，第二产业的比重高于第三产业并且占经济比重最高时，工业化进入到了中期阶段；当第一产业降低到10%左右，第二产业的比重上升到最高水平时，工业化进程则到了后期阶段，具体如表3.4。

表3.4 工业化不同阶段的产业结构变化规律

	工业化前期	工业化初期	工业化中期	工业化后期	后工业化阶段
第一产业		一>20%	一<20%	一<10%	一<10%
第二产业	一>二	二>一	二>三	二>三	
第三产业					三>二

注：一、二、三分别表示第一、二、三产业比重

城市化水平指标。城市化是指乡村人口向城市人口的转化以及城市不断发展和完善的过程。城市化水平是随着经济的发展而不断提高的，经济发展水平越高，城市化水平也越高。大量研究和历史经验表明，工业化和城市化既彼此独立，又是相互交织、关联发展的，工业化是城市化的根本动力，城市化是工业化的必然结果，城市化是城市或地区工业化水平的重要测度指标（表3.5）。目前，衡量城市化水平的主要指标为非农业人口占城市总人口的比重。

表 3.5 2005 年世界主要国家或地区的城市化水平

国家或地区	人均 GDP/美元（2000 年价格）	城市化率/%
日本	38 962	65.8
美国	37 084	80.8
德国	23 788	75.2
OECD	29 012	77.0
中低收入国家	1 455	46.5
中高收入国家	4 220	74.7
印度	588	28.7

工业内部结构指标评价。德国经济学家霍夫曼用消费资料工业净产值与生产资料工业净产值之比（霍夫曼系数）来反映重工业化程度。在工业化进程中，工业结构存在重工业化趋势，即在工业化进程中霍夫曼系数是不断下降的，并据此将工业化划分为四个阶段，具体见表 3.6。

表 3.6 霍夫曼系数及工业化阶段划分

工业化阶段	特征	霍夫曼系数
第一阶段（初期阶段）	农业为主导产业，消费资料工业占统治地位	5（±1）
第二阶段（中期阶段）	消费资料工业规模仍然大于生产资料工业规模	2.5（±1）
第三阶段（中后期阶段）	消费资料工业规模与生产资料工业规模大体相当	1（±0.5）
第四阶段（后工业化阶段）	生产资料工业规模大于消费资料工业规模	<1

根据经典工业化理论和发达国家的工业化进程，工业结构的演变一般经历重工业化、高加工度化和技术集约化三个阶段。在以原材料工业为重心的重工业化时期，工业化以粗放型方式扩张，工业加工深度较低，对原材料的需求较大。钢铁、有色、建材等技术密集度较低的原材料工业在需求的拉动下增长较快，属于工业化初级阶段；当进入高加工度化阶段后，工业粗放型增长的趋势减弱，工业加工深度不断提高，对原材料的需求比重逐步下降，技术密集度较高的装备制造、化学工业加快发展，工业化进入中级阶段；到了技术集约化发展阶段时，高技术密集型产业进入快速发展时期，工业增长方式由粗放向集约化发展，高新技术产业逐步成为主导产业，工业化进入后期阶段。

（3）资源禀赋分析。资源禀赋从广义上理解可以包括矿产资源、可再生能源、土地资源、劳动力资源以及资金和技术资源等低碳发展的投入要素，以及可以促进低碳发展的太阳能、风能、水力资源及核能等零排放的清洁能源以及能够提供碳汇的森林资源、草地和农田等等。此外，还包括能够调节大气和水文循环、影响人居环境的气候资源和生态资源。一个地区的低碳资源是否丰富，极大地影响着其低碳发展的潜力。SEA 应重点分析评价范围内的资源禀赋条件，包括化石能源的储量、产量以及低碳资源的丰富程度，分析资源禀赋条件能够为低碳发展提供优势和机遇。

（4）技术因素分析。技术进步也是决定区域或行业低碳发展潜力的关键因素。一方面，西班牙学者 Gregory C. Unruh 指出，自工业革命以来，对化石能源系统高度依赖的技术盛行于世，导致技术锁定和路径依赖，阻碍替代技术（零碳或低碳技术）的发展。简单来说，基础设施、机器设备、个人大件耐用品等，一旦投入，其使用年限均在 15 年乃至 50 年以上，期间不大能轻易废弃。如果只是对常规技术的简单复制，已经投入，便有一个投资回报期技术与资金的锁定效应。从这个意义上讲，低碳发展的核心在于解除这种"碳锁定"的技术瓶颈。另一方面，技术进步能够提高能源效率和管理效率，也可以优化能源生产和消费结构，还可以提升产业结构，提高资源配置效率，降低中间环节物耗和能耗等。因此，一个低碳发展水平较低的地区或行业，可以通过技术引进和创新，跳跃式的进入低碳发展阶段。技术因素可以用单位 GDP 能耗、单位产品或工序能耗、新能源利用比例等指标来评价。

（5）消费模式分析。人口对碳排放的影响主要是通过其生产和生活消费行为体现出来的。随着我国人民生活水平的提高，生活消费对区域碳排放水平的影响程度日益增大。消费模式也是地区低碳发展的重要基础之一。通过本文的分析可知，消费模式受人均收入等经济发展水平影响外，还与区域的人口城镇化水平、人口年龄构成、家庭规模、气候宜居条件、历史文化习俗等多种因素有关，一般可以用人均生活消费碳排放的指标来衡量。

3.2.2.5 碳排放影响因素识别

不同的区域或行业由于经济发展阶段、资源禀赋、技术水平和生活习俗等存在较大的差异性，故其碳排放的主要影响因素也差异较大，不同因素对碳排放增长的贡献也不同。为了提高 SEA 的有效性，抓住区域或行业低碳发展的主要矛盾，进行碳排放的影响因素识别是构建 SEA 评价指标体系的基础，也是 SEA 切入战略规划制定和决策过程并发挥作用的重要内容。

该阶段主要是运用碳排放因素分解方法和分析模型，对区域或行业的历史碳排放数据进行不同角度的指数分解：区域和行业的碳排放总量均可以用 Kaya 分解和 LMDI 分解方法，定量分析历年来经济发展、能源结构、能源效率和人口因素等对排放增量的贡献率；消费碳排放则可以借助 IPAT 回归模型，定量分析人口结构的演变对碳排放的影响。

3.2.2.6 低碳发展阶段判定

通过碳排放差异性分析的研究，我国不同地区和行业的碳排放由于其经济发展水平、自然资源禀赋和技术水平等因素的差异性，当前的低碳发展处于不同的阶段，有着不同的发展特征。为了保证区域间的均衡发展和行业间的合理发展空间，在制定区域或行业的低碳发展目标和碳排放目标的过程中，有必要基于区域和行业的低碳发展阶段特征来制定既适合自身特点又保证全国碳排放目标的低碳发展方式。

1）区域低碳发展阶段判定

碳排放强度、资源禀赋指数、高耗能产业比重和人均 GDP 等四个指标是判定我国不同区域低碳发展阶段的表征因素。实际上，碳排放强度代表的是碳排放水平、资源禀赋指数代表着资源禀赋的自然条件、高耗能产业比重代表工业内部结构和技术进步水平，人均 GDP 则是经济发展水平的标志。SEA 在进行阶段判定因子选取时，可根据拟评区域的实际情况和数据可得性，酌情选择最能反映区域的碳排放水平、自然条件、工业结构和技术水平以及经济发展程度的量化指标。

在选定量化指标之后，绘制各项指标值与当年全国平均水平的比值构成的区域低碳发展雷达图。根据雷达图的形状并充分咨询专家和相关部门的意见，最终确定区域的低碳发展类型——发达型低碳发展、均衡型低碳发展、资源型高碳发展和发展型高碳发展。对于发达型低碳发展区域，SEA 要关注进一步优化能源结构和产业结构，提高技术密集型产业的比重，重点考虑能源结构和工业产业结构等指标的设置及战略规划的发展目标合理性。对于均衡型低碳发展区域，SEA 要深入分析区域经济发展和能源结构对低碳发展目标可达性的作用机制。对于资源型高碳发展区域，SEA 一方面要重视经济发展衡量指标，促进该地区经济的快速发展，另一方面要通过构建过程性指标，定量考虑区域碳强度的削减绩效。而对于我国大部分地区目前所处的发展型高碳发展阶段，SEA 首先要全面分析地区低碳发展的基础条件和机遇优势，从发展阶段、产业结构、能源利用、技术水平以及制度建设等多方面构建评价指标。

2）行业低碳发展阶段评价

对行业的低碳发展阶段进行评判，目的是保证行业的发展空间。行业的碳排放水平完全可以由其生产工艺的碳排放强度指标直接表征，因此其发展阶段的判定方法较为简单。通过对比国际或国内相同行业的先进的能耗标准、先进工艺和低碳技术的普及率等，识别拟议的行业规划当前所处的发展阶段，以便更好地促进行业结构的优化升级和新旧产业更替，从而实现行业发展的低碳化。

3.2.2.7 基于目标可达性的预测分析

SEA 的预测分析是基于评级目标和指标的要求，分析战略规划的实施可能对环境质量和生态系统造成影响的性质、程度与范围。由于温室气体排放对生态环境影响的特殊性以及我国低碳发展的功能定位，基于低碳发展目标的 SEA 预测分析，不可能也不必去分析预测一个区域或行业的碳排放对全国乃至全球气候和生态环境的影响程度，其主要作用是分析拟议规划提出的碳排放目标以及 SEA 提出的发展指标值的可达性。从这个定位来看，SEA 的预测分析阶段应该与评价指标体系构建阶段是一个互动沟通、相互补充的关系。因此，对碳排放水平的定量预测就成为该阶段的主要内容。

一般来说，区域或行业的碳排放水平可以用碳排放总量、单位 GDP 碳排放强度、人均碳排放或单位产品碳排放等指标来表征，如有必要，SEA 应分别进行预测和分析。由于我国绝大多数地区都仍处于碳排放的增量控制阶段，对碳排放总量的预测要注重分析未来碳排放随着人均 GDP 的增加而出现的拐点以及能否或采取何种措施能够促使拐点提前到来等内容。鉴于我国低碳发展目标基于碳排放强度的特点，SEA 预测分析最重要的就是对区域或行业未来的碳排放强度进行深入分析和预测，包括强度目标的可达性分析和对全国强度目标的贡献分析。特别是对资源型高碳发展和发展型高碳发展区域，要特别注重通过碳排放弹性指标来分析区域或行业的碳排放增长速度相对于经济增长速度的下降程度，以及排放强度指标的下降速度等，从而更好地促进这些地区的经济发展与全国碳排放目标的协调。

当前关于碳排放的预测方法主要包括定量模型计算和综合情景分析等两类。基于 Kaya 模型的分解，Sheehan 等（2006）对经济增长、能源效率、能源碳排放系数以及能源结构进行分析，从而预测了我国 2030 年的碳排放。国内外学者也开发了许多复杂模型，包括投入产出模型和综合性模型等，以更准确地预测碳排放。例如 MERGE 模型是一个考虑经济自上而下的总体均衡和能源技术自下而上的综合优化模型，IPAC 模型则是包含社会经济、能源活动、能源技术、土地利用以及工业过程的综合评价模型。朱永彬等在内生经济增长模型 Moon-Sonn 基础上，首先从理论上得到了最优经济增长率与能源强度之间存在倒 U 曲线关系的必要条件，然后将投入产出分析得到的反映技术进步下的能源强度代入模型，对中国未来经济增长路径进行了预测，同时得到了最优增长路径下的能源消费走势，进而通过对能源消费结构和不同能源品种的碳排放系数的预测和估计，以及对分品种能源碳排放的汇总计算得到了中国未来能源消费所产生的碳排放走势。岳超等（2010）提出了基于未来 GDP 和碳排放强度的碳排放简易预测方法：

$$C = GDP \cdot C/GDP = GDP \cdot G \qquad\qquad (式3.1)$$

式中，C 表示区域/行业碳排放，GDP 表示预测年的国内生产总值，G 表示预测年的碳排放强度。GDP 可根据区域或行业的发展战略进行预测，碳排放强度可根据①历史变化及碳强度规划；②历史上主要发达国家碳强度的衰减规律；③基于我国 2050 年碳强度假定情景，我国碳强度依指数衰减到主要发达国家 2005 年的碳强度水平而确定。

碳排放处于一个较为复杂的系统中，受到产业规模、产业结构、能源消费强度、能源消费结构、技术水平、生活消费方式和政策制度等多种因素的综合影响。定量模型的计算方法是建立在简化这种复杂系统的基础上，默认未来系统会遵循历史的发展规律一直持续下去，依靠历史统计数据进行趋势外推性的分析预测。然而，未来总是充满了不确定性，系统行为在长期内可能会发生结构性的改变。目前许多碳排放综合模型逐渐开始融入情景分析的思想，通过模型参数的改变而预测不同情境下的碳排放。情景分析通过识别系统未来发展的驱动因素（包括不确定因子），在对各种未来事件进行假设的基础上，分析各个因子间的因果逻辑关系，从而构成未来一段时间内事件沿不同路径发展的过程，并经过详细、严密的推理来描述系统的多种未来情况。目前大多数碳排放的预测都是基于情景分析的方法。SEA 的评价对象一般都是中长期的战略规划，应当改变传统的以趋势外推、时间序列预测为主的思维方式，重视运用情景剖析各个不确定因子的根源，把握系统发展的规律，从而更好的预测未来不同图景的碳排放，为决策者提供更科学的判断依据。朱祉熹对我国 SEA 中的情景分析进行了全面深入的研究，是基于低碳发展目标的 SEA 进行碳排放情景预测的技术基础。

情景分析一般分为定量和定性两类。纯粹的科学研究通常会建立完全定量的情景，而定性情景则以简明易懂的方式实现向民众宣传或引起高层领导注意的目的。基于 SEA 的社会功能和碳排放的特点，对碳排放进行预测的情景分析宜采用定性–定量相结合的分析模式。一方面，SEA 中对碳排放的复杂系统发展要通过定性的描述加以表达，另一方面要通过情景参数定量化，对碳排放进行定量预测。定性的情景是这些影响发生的大背景，情景描述为定量计算提供了假设条件，同时定量分析又深化了情景内容，完善了 SEA 的情景分析。其中，情景构筑是情景分析的核心，而对驱动力的识别和定量化处理无疑是构筑定性–定量相结合的情景分析模式的关键。基于低碳发展预测的情景分析，主要是要识别出对本地区或行业碳排放影响最大的因素作为驱动力，这既包括宏观经济社会和政策发展等外部条件，也包括微观层面的用能设备效率、工艺路线等系统内部因素。通过分析拟评规划对上述驱动力的定性和定量描述，分析其中的不确定性，继而将已经明确的定量化指标作为情景构建的限定条件，并在此约束条件下依据不确定因素的不同组合方式构建不同主题的综合情景，从人口、产业、能源、技术以及可能出台的新能源和低碳发展政策等方面对情景进行定性描述，最后利用专家咨询、类比分析等方法对不同主题的综合情景中的不确定性参数进行量化设定，从而利用碳排放核算模型计算不同情景下的低碳发展目标的可达性。

本书虽然已经初步识别了影响碳排放的主要因素，但是这些因素的发展也受到不同驱动力的影响，存在极大的不确定性（图3.3）。

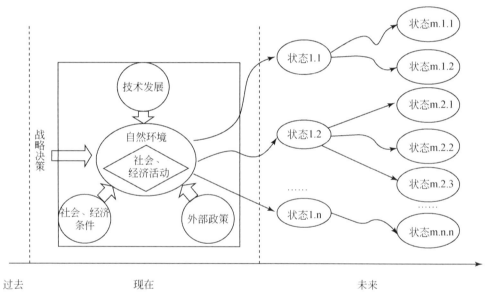

图 3.3　系统不确定性的来源

资料来源：朱祉熹等，2010

在对影响碳排放的不确定因素分析的基础上，本书总结了区域及部分行业碳排放情景构建过程中一般需要考虑的驱动因子。

对于区域发展的综合性战略规划而言，驱动力主要包括人口增长、经济增长、城市化进程、经济结构变化、区域贸易发展、技术进步、能源结构与能源安全、环境保护政策以及低碳发展战略等，可以从人口增长与城市化、经济发展、产业结构演变和能源结构优化为主要参数构建了综合情景。

影响未来工业部门碳排放的关键因素可归结为产业规模、工业内部结构、技术发展和技术进步、能源结构和原料路线、市场化进程以及国家和区域的节能和低碳政策。

交通碳排放一般受到交通量需求、交通运输模式、交通工具的能源效率等。而交通量需求又取决于经济发展水平、经济发展模式、人口和城市化进程等。交通运输模式取决于交通设施状况、居民的收入水平、消费行为与观念等因素。交通工具的能源效率与技术进步和环境政策有关，实际运行效率又受到路况、驾驶者习惯等多种客观因素的影响。上述不确定性因素还与政府制定的社会/经济政策措施、法规条例密切相关。构建交通碳排放情景需要考虑的政策因素可能包括国家能源发展战略、区域交通规划和交通模式选择政策（例如选择公共交通还是私人小汽车，长途交通运输高速铁路与航空方式的选择，中短途选择高速公路还是铁路方式等）、环境保护重视程度、燃料效率标准的制定以及是否有相应的低碳发展财政政策等。

影响家庭或公共建筑碳排放的宏观经济因素主要有人口数量、城市化率、经济发展水平、产业结构等间接影响因素。它们通过影响建筑物能源服务水平，进而影响建筑碳排放。节能和环保政策、技术进步、能源发展战略等政策、措施因素通过作用于能源利用效率的改善、技术结构的调整、能源结构优质化，影响建筑物的碳排放量。建筑面积作为影响碳排放的主要驱动因素，可以从城镇、乡村居民的住宅面积，北方、南方和过渡地区的采暖面积，公用建筑（宾馆、商厦、办公楼、医院、学校等）面积等不同角度，对建筑面积的现状和发展趋势进行了参数设定。

3.2.2.8 综合评价和建议措施

综合评价和建议措施是要根据评价指标，总结提升可达性分析的定量结果，将 SEA 提出的目标指标体系转化为具体的社会经济行为，也即落实指标体系中的响应指标，促进区域或行业发展方式的低碳化转变。

从物质流和系统观点来看，能源是人类社会发展的动力，是社会经济系统的输入端，从源头上改变能源的碳排放本质，加快碳基能源向非碳能源的转变，大力发展水能、风能、太阳能、潮汐能和核能等清洁、可再生能源发电，逐步提高新能源在能源结构中的比例，是实现源头低碳化的可行途径。其次，注重过程低碳化，包括经济发展低碳化和社会发展低碳化。通过实行继续推行循环经济和清洁生产，最大限度的减少高碳能源的使用和原材料投入，也即间接减少了 CO_2 的排放。经济结构影响能源消耗，优化产业结构是实现低碳发展的重要措施，调整经济结构，适当控制高碳产业发展速度，在一定程度上也决定着温室气体的排放强度。公众的出行方式、消费方式和居住方式对社会的低碳化有重要影响，鼓励使用公共交通、提倡消费低碳产品、引导居住公共住宅、推动树立能源节约理念，是实现低碳社会的重要举措。最后，社会经济系统终端碳排放的减少依赖于碳捕捉和封存技术的利用。由于无碳新能源的研发和推广、低碳经济体系与低碳社会体系的建立等皆为长期的战略目标，当务之急是从末端大规模的捕集、储存乃至回收利用 CO_2。

3.3 低碳评价指标体系

低碳发展是一种较抽象的发展概念，基于低碳发展目标的 SEA 就是要把这种抽象的、宏观的战略落实到可操作的具体项目，是实施低碳发展战略的有效手段。而构造切实可行的评价指标体系，是 SEA 发挥现实指导功能的前提和重要手段。因此，构建指标体系是 SEA 工作的核心任务。指标体系既是规划分析和现状调查研究的成果总结，也是预测分析和综合评价的基础，同时也是 SEA 完善规划和指导实践的重要依据。

虽然我国的 SEA 在研究与实践方面取得了一定进展，但仍然存在着缺乏理论基础支撑，没有形成完善的以环境可持续发展为目标的 SEA 指标体系的问题。特别的，当前我国的 SEA 指标体系构建普遍存在定位模糊的现象。SEA 的最初定位是"在规划编制和决策过程中，充分考虑所拟议的规划可能涉及的环境问题，预防规划实施后可能造成的不良环境影响"。由于在 SEA 引入我国之初，我国的发展战略规划缺乏科学发展观的指导，大都重经济发展而轻环境保护，战略规划的发展指标和规划内容极少考虑对经济发展和环境保护的协调性问题。因此，当时的 SEA 在一定程度上充当了环境规划的角色，评价指标体系也主要由环境类的规划型指标组成，以期完善拟议规划指标体系中缺乏环境指标的缺陷，也为全面开展拟议规划可能引起的环境影响预测评价工作提供方向和指导。

然而，随着社会经济的发展和环保意识的提高，近些年来的战略规划也在逐步增加环境保护的内容。本书查阅的上百份规划文本基本都或多或少地融入对环境的考虑，也有许多规划在指标设置上明确增加了环境类的指标。这既是科学发展观不断深化的体现，也与我国的"十一五"规划提出节能减排约束性指标不无关系。在这种背景下，如果 SEA 脱离评价对象，另立炉灶地设置规划型指标，不但是重复规划部门的工作，也丧失了 SEA 应有的功能。实际上，如果说战略规划是"运动会"上的"运动员"，那么 SEA 就是这场"运动会"的"裁判员", 重在裁决与评判。因此, SEA 的指标体系构建也应充分体现"评价规划"的功能, 对基于低碳发展目标的 SEA 也应如此。碳排放不同于污染排放, 其既没有排放阈值的约束, 也没有直接的污染效应, 低碳发展更是涉及社会经济各个层面的综合性体系建设, SEA 的低碳指标应注重对战略规划自身的裁决, 全面评价拟议规划对低碳理念的融合程度、对碳排放目标的协调程度。但是考虑到低碳是一个较新的概念, 当前的战略规划对低碳类指标的融合也是刚刚起步, 基于此, 本书提出将基于低碳发展目标的 SEA 评价指标分为评价型指标和建议型指标两类, 以全面体现 SEA 的功能定位。

3.3.1 评价型指标

评价型指标的作用是综合评价拟议规划对低碳理念的融合程度, 担当的是"裁判员"的角色。该指标实际上是规划分析阶段的成果延伸, 在规划分析融合度分析的基础上, 通过对拟议规划内容的全面分析, 从指标选取、规划内容和制度理念等角度, 一方面识别拟议规划是否包含了低碳相关的内容, 另一方面分析拟议规划是否符合低碳发展的要求。

1) 指标内容

评价型指标体系采用层次结构, 目标层为战略规划对低碳发展要求的融合程度, 本书用"低碳性"来表征。战略规划的低碳性主要从战略规划文本内容所体现的发展意愿、低碳化行动和制度建设等三个方面来论述。而指标层则是对具体内容的考核, 一般包括有无低碳发展战略、有无碳排放指标、有无区域或行业发展低碳化相关的考核指标和相关内容(包括能源结构优化、产业结构优化、能源效率优化、公共交通、绿色建筑、绿色消费以及碳汇建设和适应气候变化措施等)以及有无促进低碳发展的专项规划、鼓励政策和管理制度等。如有条件允许, 也可结合预测评价, 综合分析零方案(即没有拟议规划)情景下的碳排放预测, 从而研究拟议规划的潜在碳减排量及其对低碳发展目标的贡献。低碳性评价指标如表 3.7 所示。在实际操作中, 具体指标和内容可根据战略规划的实际特点来加以调整。

2) 指标值确定

评价型指标的指标值设计包括定性评价、权重和定量评价三个部分。定性评价是对战略规划内容的详细分析, 判断其对低碳发展相关内容是否有明确的规划, 这部分可由 SEA 评价人员来完成, 主要目的是为定量评价提供参考, 方便专家打分。定量评价是对定性评价结果的定量化, 应通过专家打分法来完成, 主要是为了更精确的描述战略规划对低碳指标的融合程度，也是计算战略规划的低碳性的基础。同时，不同的评价指标对不同战略规划低碳发展的影响不同，因此需要利用专家咨询法、头脑风暴法或层次分析法来确定指标权重，从而得出拟议战略规划的"低碳性"：低碳的规划、较低碳的规划、较高碳的规划、高碳的规划。

表 3.7　SEA 中战略规划低碳性的评价指标

目标层	准则层	指标层	对规划内容的定性评价			权重	综合评价
			明确到位	简要涉及	无		
战略规划的低碳性	发展意愿	低碳发展战略					
		碳排放目标					
	低碳化行动	能源结构调整					
		产业结构升级					
		能源效率优化					
		低碳交通					
		低碳建筑					
		绿色消费					
		碳汇建设					
		适应气候变化措施					
	制度建设	低碳专项/专章规划					
		低碳发展政策/法规					
		碳排放监测监管体系					

3.3.2　建议型指标

建议型指标也可称为规划型指标，主要是为了完善战略规划缺乏低碳发展目标和低碳型指标的不足，提出低碳发展的评估体系和衡量标准。当前我国大部分规划都尚未融入明确的低碳发展指标，因此建议型指标的构建是未来一段时间内我国 SEA 指标体系需要考虑的重点和难点。单一的指标不能全面、客观地评价一个地区或行业低碳发展的水平，必须建立一套综合评价指标体系。低碳评价的建议型指标体系应围绕区域或行业的碳排放目标值而构建，是一个完整的内部协调的指标体系。

1）构建原则

通过分析我国 SEA 的评价目标和社会功能，SEA 的低碳评价指标体系应该具有如下特征：

（1）面向用户。SEA 指标用于评价战略规划的实施对区域低碳发展目标的影响，其针对的用户包括评价者、决策者和公众等。不同的用户对指标的要求和理解能力不同。面向公众的指标必须充分理解公众对专业性指标理解上普遍存在的困难，评价者需要高度精确性的指标，主要是实测和描述性以及未经加工的原始指标，而政策制定和决策者需要的是分析性指标，用于发现问题、指导未来实践和政策评估等。

（2）响应政策。随着社会经济的发展，不同地区和行业在不同时期会提出不同的发展政策和优先实现的目标，因而指标制定过程中应能体现出对相关政策的响应作用。

（3）内在联系。指标体系是描述低碳发展复杂系统的整体表征，因此碳排放水平指标应与其他相关的影响指标和辅助性指标相对应，体现各要素间的协调关系。

（4）指标定量。规划型的指标一般都要以定量的形式来体现，这也是要求指标的选取要充分考虑数值的可得性。

（5）反映过程。这是低碳发展评价指标的特殊要求，也是构建指标体系的实践中遇到的一个实际问题。低碳发展的实质是经济发展方式的低碳化过程，因此指标体系应反映区域和行业在低碳化方面的努力和绩效等。

结合对低碳评价指标的特征分析，并参照 UNCSD 制定的可持续发展指标体系，构建基于低碳发展目标的 SEA 建议型指标体系的原则可概括为：

√ 指标简洁，有代表性；

√ 数据可得性，区域和行业之间具有可比性；

√ 与低碳发展政策的目标相联系；

√ 充分考虑发展低碳化的过程。

2）构建方法

一般来说，评价指标的选取往往就是表征所关注的核心对象的状态。然而事物都是普遍联系的，所关注的核心对象的状态往往取决于其他客观因素。如果指标体系仅仅考虑所关注的核心对象而忽视了其他相关因素，那么就难以准确把握和预测核心对象的状态。本书前面的分析已经指出，低碳发展和碳排放与能源结构、产业发展等多种因素密切相关，因此评价指标体系的构建不但要关注碳排放的水平和状态，还要包括使碳排放指标发生不利改变和有利改变的因素，即上下延伸思维，寻求"为什么发生"和"如何应对"的指标。

DSR 模型，即"驱动力–状态–响应"（drivers-status-responses，DSR）模型是国际上环境保护和可持续发展领域广泛使用的一套指标构建模型。驱动力指标用以表明那些造成发展不可持续的人类活动和消费模式以及经济行为的因素，状态指标用以反映可持续发展过程中的评价核心对象的状态和水平；响应指标则是用以表明人类为促进可持续发展进程所采取的行动和对策。DSR 模型突出了环境受到的压力和环境退化之间的因果关系（图 3.4），保证了指标体系内部的协调性和完整性，这是 DSR 模型构建指标体系的最大优势。

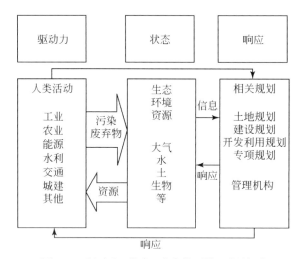

图 3.4 驱动力–状态–响应模型的逻辑关系

DSR 模型中的驱使力、状态和响应等三方面指标满足了 SEA 指标体系功能中对反映环境可持续发展的状态、影响和发展趋势等方面的要求。驱使力指标用于反映战略实施对资源、环境与社会系统所造成的影响，如污染物的排放量、工业"三废"的排放量、资源的需求量等；状态指标用于反映资源、环境与社会系统的状态，包括资源状态指标、环境质量指标和社会状态指标，如 TSP 日平均值、COD 浓度值、人均耕地面积等；响应指标则反映了人类社会为减轻环境污染和资源耗竭所采取的努力，如工业废水处理率、生活垃圾无害化处理率等。

衡量一个地区或行业低碳发展状况的指标应该能够测量向低碳发展转型的整个进程，不仅要包括其自身直接排放的相关指标，也要包括通过产品/服务的输入输出活动与其他部分产生联系、相互作用的其他指标。因此，从反映战略规划实施对区域和行业低碳发展的全面影响出发，将 DSR 模型应用于 SEA 指标体系的构建，是较为有效的方法。

3）指标内容

自英国率先提出低碳经济的概念以来，国内外学者对低碳发展的理解之所以仁者见仁、智者见智，一个重要的原因就是没有一个可比较的碳排放度量标准，即缺乏一套国际认可的低碳评价指标体系。这是全世界低碳发展研究面临的难点和重点所在。本书限于篇幅和研究目的，暂不对此开展详细的论述和研究，仅是从 SEA 的角度出发，初步探讨低碳发展规划型指标体系的构建内容。参考 SEA 指标体系的特征和 PSR 模型的思想，本书提出建议型指标分为压力指标、状态指标、过程指标和响应指标等四类指标。表 3.8 是本书整理的建议型评价指标可能涉及的内容。其中，碳排放水平的状态指标是基于低碳发展目标的 SEA 关注的核心指标，其他指标的选取和标准确定都应服从于状态指标。另外，在实际操作中，评价指标的选取务必要遵守简洁而又有代表性的原则，结合区域或行业特点和数据可得性来确定指标。

表 3.8　基于低碳发展目标的 SEA 建议型评价指标体系

目标	准则	评价内容	评价指标	指标说明
低碳发展目标评价	压力指标 A	经济发展 A_1	GDP/人均 GDP 人均居民收入 重点工业行业增加值	定量
		能源消费 A_2	化石能源消费量/人均化石能源消费量	定量
		资源禀赋 A_3	地区化石能源产量 可再生能源产量 资源禀赋指数	定量
		人口消费 A_4	人口总量 人口结构 家庭户数量 城市化水平	定量
	状态指标 B	区域碳排放水平 B_1	碳排放总量 人均碳排放量 万元 GDP 的碳排放量 碳生产力	定量

目标	准则	评价内容	评价指标	指标说明
低碳发展目标评价	状态指标 B	行业碳排放水平 B_2	单位行业增加值碳排放量 单位产品碳排放量 人均消费碳排放量 人均单位建筑面积碳排放量 单位交通里程碳排放量	定量
	过程指标 C	碳减排绩效 C_1	碳排放弹性	定量
	响应指标 D	产业响应 D_1	工业产值占地区生产总值的比重 第三产业比重 高耗能行业占工业比重等	定量
		能源响应 D_2	能源利用效率 可再生能源利用比重 能源综合碳排放强度等	定量
		交通响应 D_3	轨道交通出行比例 绿色出行比例 慢行交通设施普及率等	定量
		建筑响应 D_4	既有建筑节能改造率 新建建筑节能设计标准执行率	定量
		碳汇响应 D_5	森林覆盖率（面积） 城市绿地覆盖率（面积）	定量
		政策响应 D_6	是否具有低碳发展专项战略规划 是否建立碳排放监测统计和监管体系 公众的低碳意识如何 是否具有非商品能源的激励措施和力度	定性

（1）压力指标 A。压力指标一般来讲是指碳排放的驱动因素表征指标，经济发展到后工业化时期，社会经济系统具有向高产出、低污染、环境友好型发展模式转型的内在动力和诉求。压力指标主要包括：

√ 经济发展 A_1：GDP、人均 GDP、人均居民收入、重点工业行业的增加值及比重等；

√ 能源消费 A_2：化石能源消费量、人均化石能源消费量；

√ 资源禀赋 A_3：地区化石能源产量、可再生能源产量、资源禀赋指数等；

√ 人口消费 A_4：人口总量、人口结构、家庭户数量、城市化水平等。

（2）状态指标 B。状态指标即区域或行业碳排放的衡量指标，是低碳评价指标体系的核心部分，用于界定区域或行业在某一时期所处的碳排放水平，分为区域碳排放水平指标 B_1 和行业碳排放水平指标 B_2。关于碳排放水平的衡量指标，目前国内外都尚无权威的界定。从宏观上进行评价的指标可以包括碳排放总量、人均碳排放量、万元 GDP 碳排放量、单位行业增加值碳排放量以及碳生产力等，从微观上评价则可以用单位产品碳排放量、人均消费碳排放量、人均单位建筑面积碳排放量、单位交通里程碳排放量等指标来表征。状态指标的选取要根据战略规划的特点、SEA 关注的重点以及数据可得性等要求。

碳排放总量指标：该指标最能反映一个地区或行业的低碳发展程度，也是碳排放总量控制的直接要求。但是限于我国的经济发展阶段以及低碳发展的实质，该指标不宜作为 SEA 评价指标体系的重点。然而对于某些发达型低碳发展区域，若未来时机成熟，可能或经过努力会出现碳排放拐点的时期，SEA 可以将碳排放总量纳入约束性指标，鼓励这些区域率先进入碳排放绝对脱钩的发展阶段。

人均碳排放指标：可以直接反映人民生活水平的高低，也可以反映不同地区的人口对有限排放空间的占有程度。该指标在最大程度上体现了所有人对地球公共资源利用、生存和发展所享有的平等权利，有助于保障经济落后地区的发展权益和行业发展空间。人均碳排放量水平不仅与经济发展阶段密切相关，而且与生产和消费模式密切相关。根据库兹涅茨曲线，人均碳排放量与人均 GDP 之间存在近似倒 U 型的曲线关系，中国正处于这一曲线的爬坡阶段。由此可见，人均碳排放量是衡量低碳发展的一个非常重要的指标。

万元 GDP 碳排放量指标：包括单位行业增加值碳排放强度，可以有效地将碳减排活动与经济发展相结合，是美国提出的所谓《京都议定书》替代方案的核心思想，是在不损伤经济增长能力的情况下降低万元 GDP 的温室气体排放强度。该指标可以很好地引导区域和行业提高能源利用效率，积极向低碳发展方式转型。我国政府提出的碳排放目标是以万元 GDP 的 CO_2 排放强度来衡量，因此万元 GDP 碳排放强度指标是我国 SEA 低碳评价指标体系中状态指标的必然选择，这是国家战略的需要。

对比这两个指标，万元 GDP 碳排放强度指标反映的是经济增长的碳排放强度，人均排放量指标反映的是人均拥有的排放量情况。两者反映的是温室气体排放的两个重要方面，即经济增长和人类生存与发展。为了综合集成评价经济增长和人的生存发展的温室气体排放情况，张志强等（2008）提出"人均万元 GDP

排放量"的新指标,以将温室气体排放量、经济总量、人口数量融合成一个评价指标来评价人均 GDP 增长的温室气体排放情况,这也是 SEA 状态指标的一个选择。

碳生产力:每单位碳当量的排放所产出的 GDP 总量,是万元 GDP 碳排放强度指标的倒数,主要用来衡量碳消费的产出效率水平。

微观上的状态衡量指标,诸如单位产品碳排放量、人均消费碳排放量、人均单位建筑面积碳量排放、单位交通里程碳排放量等,主要用于特定行业规划的低碳评价,其本质含义是对行业技术水平的衡量,即单位物理产出的碳排放水平(吨钢排放、吨公里排放、单位电量排放),计算较为简单。在此对消费碳排放和建筑碳排放指标进行分析。

消费碳排放:由第二章的分析可知,我国的经济发展水平较低,居民生活消费的直接碳排放占总量的比重还比较低,但是东部发达地区的居民生活消费能耗增长很快,因此对于发达型低碳发展区域和均衡型低碳发展区域的居民消费碳排放不容忽视。消费碳排放一般由人均消费碳排放量指标和人均居住碳排放量指标来衡量。前者可以根据生活终端消费占 GDP 的比重与单位经济总量的含碳强度(即万元 GDP 碳排放量)等相关指标来推算。考虑到数据可得性,为了简化计算,一般可以用人均碳排放水平代替人均消费碳排放水平。而对于人均居住碳排放指标,则需要统计居民(家庭)取暖、制冷、炊事和照明等生活用能数据加以计算。

建筑碳排放:建筑的碳排放是指土地利用方式改变和建筑能源消费而引起温室气体排放。在土地利用中,新开发的土地占用碳汇植被资源,建筑垃圾的产生和处理也会引起碳排放。我国建设用地的碳排放强度平均达到 204.6t CO_2/hm²。但是,龙惟定等(2010)研究指出,单位面积碳排放量的指标具有局限性,不能限制奢侈性和浪费性排放,建议加入人均占有建筑面积(m²/人)因素来计算人均建筑碳排放,即人均建筑碳排放 = 单位建筑面积能耗碳排放量×建筑使用者平均占有的建筑面积×当地的气候修正因子[①]。

(3)过程指标 C。对于经济发展水平较高的地区,从总量上来讲属于高碳排放,但是单位 GDP 的碳排放强度较低。因为不同区域的产业结构不同,所处的

---

① 保障室内热环境(供热、供冷)是建筑耗能的主要原因。但供热供冷能耗在很大程度上受当地气候因素的制约。例如,哈尔滨的供热度日数(5032℃·d)远高于纬度更高的德国汉堡的供热度日数(3073℃·d)。从气候因素来说,哈尔滨的供热能耗高于汉堡是理所当然的。因此,需要对人均碳排放量作气候修正。气候修正的计算方法请参考文献龙惟定,张改景,梁浩,等(2010)。

发展阶段不一，技术实力不同，仅仅用单位 GDP 碳排放强度等状态指标来描述区域或行业的低碳发展成果，不利于我国的经济发展和低碳化转型。而使用过程性指标就可以较好的反映区域和行业转变经济发展方式的努力程度，通常可以用碳排放增长速度和 GDP 增长率的比值，即碳排放弹性来表示，也称为碳减排绩效指标（C_1）。

低碳不是一个绝对的指标，不存在一个定量的数值表明总体的碳排放低于多少就是低碳。低碳发展的目标是低碳高增长，碳排放弹性指标可以考察在经济增长的前提下，碳排放增长速度相对于经济增长速度的下降程度。类似于脱钩指标的概念，根据碳排放弹性可以把低碳发展分为绝对的低碳发展和相对的低碳发展。碳排放弹性小于 0 时，即为绝对的低碳发展，碳排放弹性在 0 与 0.8 之间的发展属于相对的低碳发展。通过对全球 20 个排放大国从 1975 ~ 1980 年、1980 ~ 1985 年、1985 ~ 1990 年、1990 ~ 1995 年、1995 ~ 2000 年、2000 ~ 2005 年 6 个时间段碳排放弹性的数据分析发现，发达国家在此期间至少出现一次强脱钩，其中英国一直呈现强脱钩特征，其余发达国家也以强脱钩和弱脱钩为主要特征。从发展中国家的情况来看，虽然某些发展中国家在某个时段碳排放弹性出现小于 0 的情况，但主要是由于各种原因造成的经济波动、经济出现负增长引起的。虽然发展中国家也出现弱脱钩，但还没有成为主流趋势。对于发展中国家来说，向低碳经济转型的一条理想轨迹是在经济增长速度为正的前提下，碳排放弹性不断降低，碳排放弹性指标有助于在宏观经济层面整体把握区域低碳发展的努力状况。

（4）响应指标 D。响应指标是为了实现碳排放目标而采取相应措施的考查指标，主要根据区域和行业的具体情况，从产业、能源、交通、建筑、消费、碳汇以及政策制度等方面设置，例如升级产业结构、提高能源利用效率、推广绿色出行和低碳建筑、植树造林增加碳汇、征收碳税和消费税、利用税收优惠和财政补贴鼓励发展可再生能源等，用以表征区域和行业为实现低碳发展转型的努力程度，探讨如何采取有针对性的低碳发展路径。响应指标从某种程度上可以说是压力指标的延伸，即减缓碳排放的压力，因此响应指标的选取也可以围绕压力指标的现状值而确定。

产业响应指标 D_1：不同产业对碳排放的影响不同，一般来讲第二产业的影响最大，而第二产业中的工业，特别是高耗能重工业的碳排放量和碳排放强度又最高。因此从理论上讲，降低高耗能行业比重、大力发展第三产业是低碳发展的有效途径。产业响应指标主要是指产业结构升级的表征，可包括工业产值占地区生产总值的比重、第三产业比重、高耗能行业占工业比重等。需要注意的是，我国当前尚处于以经济建设为中心的发展阶段，地区或行业的产业结构现状是主、客观以及历史原因等多种因素共同作用的结果，因此产业结构升级往往在短期内难以有较大的改观，响应指标标准值的制定要结合地区和行业发展的实际情况以及专家和部门咨询的成果而定，切忌简单照搬国内或国际先进水平。

能源响应指标 D_2：鉴于能源利用效率是我国目前节能降耗工作的主要衡量指标，因此 SEA 的能源响应指标可包括能源利用效率和能源消费结构两类。能效指标也是压力指标，我国各地区和行业都有相关的统计数据和发展目标，较易获得。碳排放主要来源于化石能源的使用，而煤炭、石油和天然气的碳排放系数依次递减，绿色植物是碳中性的，太阳能、水能、风能、生物质能等可再生能源以及核能属于清洁的零碳能源[①]。能源结构向低碳化发展是地区或行业实现碳减排目标的重要手段。能源结构指标一般可考虑可再生能源利用比重以及能源综合碳排放强度等。对于可再生能源，我国在《国家可再生能源发展中长期规划》中就明确提出，到 2020 年可再生能源消费量达到能源消费总量的 15%，对核能的发展也做了相应的规划。沼气、太阳能热水器、生物质能等非商品能源，往往缺乏统计数据，SEA 可以不单独列为指标，在政策层面加以考虑即可。对于区域而言，可再生能源的开发利用既与资源禀赋相关，也与资金和技术实力相关，是区域和行业实现差异化低碳发展道路的基础，指标选取要充分调研地区的自然资源禀赋和开发潜力。能源综合碳排放强度是从宏观上表征单位能源消费的碳排放因子，也可以较好的反映能源消费结构。例如，根据世界资源研究所的数据，2005 年能源碳排放强度排名世界第一的刚果 CO_2 排放强度为 4.36 t/toe，美国为 2.52 t/toe，日本为 2.35 t/toe，而中国为 3.25 t/toe。

交通响应指标 D_3：我国交通行业的碳排放量仅次于工业，因此交通出行方式的低碳化也是低碳转型的重要考查指标。在客运方面，步行、自行车、公交交通和轨道交通等出行方式的碳排放强度明显低于私人汽车和出租车方式，属于绿色出行。但步行、自行车的通行距离与通行速度较低。将来生活水平提高、生活节奏加快后，步行、自行车的局限将逐渐凸显，并可能促使私人汽车、出租车数量加快增长。货运方面，单位运量的能源消耗和碳排放，铁路运输则明显低于公路运输。因此，交通响应指标可考虑使用轨道交通出行比例、绿色出行比例以及

---

① 从生命周期评价的角度看，太阳能、水能、风能以及核能在生产过程中，原料生产、设备生产以及运输过程都会产生碳排放，因此有些专家认为其不能称为零碳能源，甚至比传统化石能源的碳排放强度还要高。本书认为这些原料、设备以及运输过程的碳排放都应属于生产制造等其他工业部门，仅从这些能源的生产和消费过程来讲，可以称之为零碳能源。而且随着低碳技术的发展，这些可再生能源的使用必将有效降低人类温室气体的排放。

慢行交通设施普及率等，构建便捷、高效的快速交通系统和合理的慢行交通系统，并保障自行车、步行等慢行交通方式的安全性和通达性。

建筑响应指标 D_4：建筑终端能耗主要包括生产性建筑用能、民用建筑用能和公共建筑用能三方面。其中，公共建筑大多数为高能耗建筑，例如商场类大型公共建筑、机关事业单位的建筑耗能也应予以重点关注。评价指标可以选取既有建筑节能改造率和新建建筑节能设计标准执行率等。例如，天津滨海新区要求既有的公共建筑必须达到节能 50% 的设计标准，采取加装太阳能板，增加墙体保温层，推广中空玻璃窗户等技术措施降低建筑能耗；新建建筑严格执行居住建筑 65%、公共建筑 50% 的节能设计标准。

碳汇响应指标 D_5：植物以光合作用形式同化大气中的 CO_2，将其固定于生物量中并通过根系和地上部分的凋落物不断补充土壤碳库，是为碳汇。森林是最主要的碳汇单位，实施造林和再造林，增加森林、绿地等碳汇量是世界公认的最经济有效的减缓 CO_2 浓度上升的办法。SEA 一般用森林覆盖率/面积、绿地覆盖率/面积等指标来表征碳汇的影响。

政策响应指标 D_6：能源结构的清洁化、产业结构的优化与升级、技术水平的提高、消费模式的改变、发挥碳汇潜力等措施都离不开制度环境的配套与政策工具的推动。是否具有低碳发展专项战略规划、是否建立碳排放监测统计和监管体系、公众的低碳意识如何、绿色出行观念的普及、建筑节能标准的执行以及是否具有非商品能源的激励措施和力度等，都可以反映地区低碳转型的努力程度。

4）指标值确定

建议型指标体系是相互联系的整体，压力指标是状态指标的驱动力衡量，响应指标是为了实现状态指标而采取行动和预期效果的衡量。因此，压力指标、过程指标和响应指标都应服从于状态指标，指标值确定的关键也是首先确定区域或行业碳排放的目标值。

然而，碳排放标准值不同于污染物的排放标准，既没有排放阈值的规定，也没有区域环境质量标准，它仅仅属于总量控制的范畴，而且是全球尺度的总量控制。撇开复杂的国际政治环境，我国碳排放标准唯一的参考标准即是政府提出的 40%~45% 的碳排放强度目标以及行政制定的区域或行业责任分担。因此，类似于单位 GDP 能耗指标，区域和行业碳排放指标值的确定更多情况下将是结合自身发展的实际情况并主要依赖于国家行政分配制度。

另外，不同发展区域对低碳发展方式的要求和侧重点不同。发达型低碳发展区域由于经济发展较快，未来碳排放强度仍有较大的下降空间，而资源禀赋的不利条件为区域改善能源结构提供了动力，优化能源结构和产业结构、提高技术密集型产业比重的潜力较大，能源结构和工业产业结构等的指标值要向世界先进水平看齐。均衡型低碳发展区域在未来的低碳发展中要在进一步优化产业结构的同时，充分重视经济增长和人均 GDP 的提高，逐步转变为发达型低碳发展方式，其响应指标及标准值的设置要有所侧重。资源型高碳发展区域的高耗能产业大都是这些地区经济发展的支柱性产业，战略规划制定的低碳发展目标和碳排放评价标准要因地制宜、因时制宜的制定，强调碳排放的削减绩效和碳排放强度的下降幅度。而对于发展型高碳发展阶段，SEA 首先要全面分析地区低碳发展的基础条件和机遇优势，从发展阶段、产业结构、能源利用、技术水平以及制度建设等多方面构建合理的评价指标标准，协助战略规划的制定者和决策者探索具有区域自身特色的低碳发展之路。

因此，碳排放指标值的确定原则主要有三点：①尽量采用已有的国家、行业或地方标准，满足自上而下的碳排放目标区域或行业分解要求；②结合区域或行业的低碳发展阶段，基于评价区域的社会经济发展规划目标，参考国内外同类评价时常用的标准，特别是区域或行业的节能减排目标，确定合适的目标标准值。目标值既要有前瞻性也要保证可达性；③通过专家咨询和部门沟通，辅以情景分析等预测手段，以 PSR 模型的双向沟通模式综合分析目标值的可达性，最终确定指标值。

4

适应气候变化：战略环境评价中的气候适应性评价

4.1 评价目标和评价原则

4.1.1 评价目标

气候变化适应性评价目标大致可以分为以下几方面：①识别规划中应对气候变化最脆弱的环节；②评估规划在各气候变化情景下的适应能力；③确保规划在应对气候变化方面的可持续性；④通过气候变化适应性评价结果来实现决策的优化。

4.1.2 评价原则

（1）科学、客观、公正原则。气候变化适应性评价应该本着科学、客观、公正的原则，综合考虑规划实施后受到的气候变化影响程度，以及各种适应性措施实施效果，为决策提供科学依据。

（2）整体性原则。气候变化适应性评价应当把与气候变化相关的政策、规划、计划与规划做整体性考虑。气候变化适应性评价不是简单的气候变化影响评估，而是应该抓住规划实施对促进整个区域应对气候变化的影响效应，客观地评价规划应对气候变化的能力水平。

（3）公众参与原则。规划的气候变化适应性评价鼓励和支持公众参与，充分考虑社会各方面的利益和主张。

（4）可操作性原则。尽可能采取简单、实用、经过实践检验可行的评价方法，评价结论应该就有可操作性。

（5）前瞻性原则。气候变化适应性评价应当具有一定的前瞻性。一方面考虑社会经济发展对气候变化的影响的趋势，另一方面也要考虑到随着气候变化的加剧，适应性对策也应当有所调整。

4.2 技术框架与评价要点

4.2.1 技术框架

规划环评中进行气候变化适应性评价的评价框架主要可以分为以下 3 个层面：①政策框架；②制度框架；③程序框架。

4.2.1.1 政策框架

构建将气候变化融入规划环境影响评价的政策框架应包括以下几方面的内容：①气候变化适应性评价的有效实施需要有效的法律法规政策体系；②气候变化适应性评价应该在可持续性战略和政策的要求和范围内进行；③法律、规章、政策等应该为规划的气候变化适应措施提供具体的、定量的环境目标作为评价基准点；④政策体系应该对其所设定的气候变化适应性评价目标和评价标准的重要程度和评价准确度进行标准性评估；⑤法律、规章、政策等应该对 SEA 与其他决策辅助工具在决策中的作用及其关系进行识别和梳理，以建立一个综合辅助决策体系，确保最终决策中的气候变化考虑是全面且相辅相成的。

4.2.1.2 制度框架

我国的 SEA 制度的发展可分为两个阶段：SEA 制度的形成阶段（20 世纪 80 年代末至 2002 年"环评法"颁布）和 SEA 的初步发展阶段（2002 年"环评法"颁布至今）。构建将气候变化融入规划环境影响评价的制度框架应重点关注：建立适当的、必要的气候变化适应性评价制度体系，以促进最终评估结果得以实施，并与决策进行整合；建立完善的内部和外部制度体系，确保气候变化适应性评价程序的各阶段可以顺利进行，各部门有良好的互动；气候变化适应性评价制度体系中应该对各决策层的责任和义务进行明确和界定等。

同时，我国 SEA 制度体系涉及到许多部门和机构，现阶段的 SEA 参与主体一般包括规划相关部门、环评单位、环保部门、评审专家以及公众等。规划组织编制机关是 SEA 的责任主体，SEA 机构受其委托开展工作，环保部门负责对 SEA 技术方案进行审核、对 SEA 报告书进行审查。另外，我国对 SEA 的管理涉及面较广，涵盖了规划编制、SEA 的准入、SEA 的质量管理到有关部门、SEA 机构人员的管理等方面。

因此，将气候变化纳入规划环评的制度框架就要从以上几个方面考虑。

（1）规划的编制与实施。"环评法"明确规定 SEA 组织编制工作由承担规划组织编制的国务院有关部门、设区的市级以上地方人民政府及其有关部门来组织进行，同时负责组织公众参与以及环境影响跟踪评价。气候变化因素的融入就要求规划编制方充分考虑现有的气候变化因素及其变化趋势，针对各层次的规划采取不同程度的应对措施。我国目前尚缺乏一部规范国家各类规划关系以及规划客体、规划主体行为的法规，加快法治建设进程是气候变化融入规划环评的前提和保障。

（2）规划环评的准入。规划环评的准入问题主要集中于以下三点：一是准入机构。SEA 的评价技术工作是否也应当由组织编制规划的有关部门或地方政府自行承担，即采用 SEA 的自我评价机制。大多数学者认为在中国现实国情下，市场经济体制尚未完善，政府宏观调控和计划体制仍占有重要的地位，政府部门存在利益冲突、规划冲突，规划的政府行为性质较浓，自我评价专业性质不足且容易走过场，此外，SEA 需要涉及复杂的环境技术，客观上需要相对独立的专门技术机构以第三方的立场加以研究分析，这是将气候变化融入规划环评并确保气候变化适应性评价可以取得预期效果的重要前提。二是准入时间。"环评法"规定，对于综合性和指导性的规划，应当在规划编制过程中组织进行环境影响评价，编写环境影响评价的篇章或者说明；对于专项规划，应当在该专项规划草案上报审批前，组织进行环境影响评价，编写环境影响报告书。由于"环评法"对综合性、指导性和专项规划并没有明晰的区分标准，使得 SEA 在准入时间上模糊不清，这就给相关主体规避相关环评责任（如以编制环境影响评价篇章代替环评报告书或是在规划上报审批前才编制报告书）提供了可能，一定程度上限制了 SEA 及其中的气候变化适应性评价的大范围有效力的开展。三是评价单位的市场准入。环保部将一些科研机构和公司等纳入 SEA 队伍之中，先后组织推荐了四批共 317 家 SEA 从业单位，但是行政上这些环评单位仅仅为推荐单位，不具有强制性。与国外参与 SEA 主要为咨询单位、公司不同的是，环保部推荐的这 317 家环评单位，一半以上来自研究院所。此外，317 家环评单位中的 45.1%（143 家）是直接由项目环评过渡到 SEA 领域的，占全国甲级建设项目环境影响评价单位的 80% 左右，其中约 95% 从事建设项目环评的高校有资质从事规划环评。而除 143 家经验环评单位外，新增加的 SEA 单位中，大都来自研究院所和大专院校，由此看来，在中国 SEA 的实践中，具有研究性质的机构开展了较多的规划环评实践。但是由于研究院所大都和环保部门有着千丝万缕的联系，往往难以保证环评的公正性，同时建设项目环评单位在开展 SEA 时难免伴随着以往建设项目环评的工作模式，这些因素都会对 SEA 及其中的气候变化适应性评价的有效开展造成一定的影响。

（3）规划环评的质量管理。SEA 的审查机制、环评机构能力水平等都影响到 SEA 中的气候变化适应性评价的质量。"环评法"虽然规定"环境保护行政主管部门或者其他部门召集有关部门代表和专家对环境影响报告书进行审查"，但是在 SEA 的实际审批方面，由于"环评法"未明确权责，使得 SEA 的审批管理较为散乱。2003 年国家环境保护总局发布的《专项规划环境影响报告书审查办法》规定了专项规划环评审查内容和意见，审查费用和审查的形式；2007 年，为了进一步规范专项规划环境影响报告书的审查工作，国家环境保护总局发布了《关于进一步规范专项规划环境影响报告书审查工作的通知》，规定了专项规划环评的审查形式、审查专家资质以及审查结果等方面的要求。2007 年，国家环境保护总局组建了由 16 位院士与 23 名教授组成的 SEA 专家咨询委员会，将重大环境影响的各类决策进行环境影响论证，以推动专项规划环评的审查工作和审查的客观性。

（4）部门管理。在 SEA 部门管理方面，为推进 SEA 的发展，原国家环境保护总局成立了环境工程评估中心，具体负责组织对规划、重大开发和建设项目环境影响评价大纲和环境影响报告书的技术审查，组织环境影响评价领域专业技术培训。同时，环保部专设规划环境影响评价处，负责拟订规划环境影响评价政策、法规、规章、规范和技术导则并组织实施；组织和指导规划环境影响评价工作；按国家规定审查重大开发建设区域规划、行业规划的环境影响评价文件；指导和协调地方开发区规划环境影响评价的审查工作。编制专门的气候变化与规划环境影响评价导则是促进我国气候变化融入规划环境影响评价的法律保障。

（5）评价机构和专职技术人员管理。在环境影响评价的机构管理方面，为加强环境影响评价队伍的管理，规范经营秩序和从业行为，原国家环境保护总局制定了一些相关的管理规定，如关于执行《建设项目环境影响评价资质管理办法》有关问题的通知，《关于实行甲级建设项目环境影响评价机构评价范围分级管理的公告》和《建设项目环境影响评价单位的资格审查》等规章，但大都是针对建设项目的管理规定。在 SEA 方面，我国尚未出台明确的管理规章，原国家环境保护总局仅在 2006 年发布《关于进一步加强环境影响评价管理工作的通知》，强调要加强对 SEA 机构的管理，规定了环评机构的职责和报告书审查要求。

SEA 管理的一个重要方面就是对 SEA 技术人员的管理，评价人员技术水平偏低以及实用技术方法的欠缺、数据不健全等，都会与 SEA 的有效开展发生矛盾，导致规划环评实施受制。为提高评级人员技术水平，国家人事部、原国家环境保护总局建立并完善了环境影响评价工程师职业资格制度；环保部与世界银行、国际影响评价协会等机构合作开展了 SEA 的国际和国内培训，对各地的培训工作给予指导，在一定程度上提高了环评从业人员的质量水平。但是，目前我国应该尽快出台针对 SEA 的市场质量管理办法和 SEA 的人员管理办法，比如权威的 SEA 报告书质量的标准和规范，并将气候变化因素作为考核指标。

4.2.1.3 程序框架

气候变化适应性评价应该作为政策和规划中重要的一部分及早介入，评价的重点应该放在政策和规划措施的基本点上，同时选择合适的评价目标、评价方法及指标体系。气候变化适应性评价融入 SEA 及与规划相互整合的程序详见图 4.1。

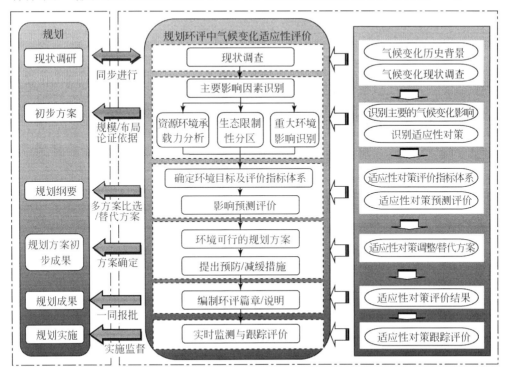

图 4.1　气候变化纳入交通规划环境影响评价的程序

1）现状调查

现状调查主要是对规划区域的气候变化现状及历史演变进行调查分析。该阶段不应进行详细量化的分析，而应该将更多的重心放在综合分析上。分析气候变化与规划之间的相互影响：规划对气候变化的影响主要就表现在碳排放上，而气候变化对规划的影响就广泛多了，包括直接影响、间接影响以及消极影响和积极影响。

该阶段的主要任务就是识别出规划应对气候变化的薄弱环节，同时对规划实施时期内气候变化的趋势进行预评估。一般情况下，规划实施期限对于气候变化的时间跨度来说要小很多，很多影响评估如海平面上升对规划的影响等不必要进行进一步详细的分析。在进行气候变化现状调查分析时，应该从更大范围上分析气候变化模式和设立气候变化情景，而不是仅限于区域范围或规划范围。由于规划本身的不确定性，数据的不确定性以及气候变化的不确定性，在气候变化相关信息的汇编过程中往往需要一些辅助工具的参与，例如地方调查分析经验，专家意见，历史演变记录以及风险评估的相关成果。为了更好的描述和评估气候变化对规划带来的风险，需要进行大量的基础数据和气候变化信息的收集，最终目标是提高评估能力和评估的置信水平。

2）影响识别

影响识别是识别主要的气候变化影响，包括直接影响、间接影响以及消极影响和积极影响；识别拟议规划中的适应性对策，包括替代方案。

识别拟议规划实施期间可能的气候变化影响的范围和尺度，确定置信水平。识别规划对具体气候因素（如降雨、海平面、温度、湿度、冰雪、暴风等）的敏感程度。对调查分析阶段的信息进行审查，识别出区域气候变化如何通过影响这些气候因素来威胁规划应对气候变化的脆弱性的。规划应对气候变化脆弱性主要表现在以下两方面：①规划要素或规划的某个阶段容易受气候因素的影响；②规划要素或规划的某个阶段在异常气候因素的长期潜移默化的影响下具有风险。

如果已确定规划对某一个或多个气候因素的敏感程度较高，那么在影响识别阶段需要进行进一步的分析，确定气候变化情景的可能范围以及相关数据的置信水平。

一般来说，气候因素在规划实施的相对较短时期内不会发生明显的变化，因此规划在未来实施期间对大时间尺度气候因素的敏感程度相对较低，但对于小时间尺度的气候因素，例如极端气候事件频率和严重性等，规划的敏感程度还是相对较高的。

3）预测评价

预测评价是依据气候变化及环境保护相关法律、法规确定气候变化适应性评价的环境目标，构建定性和定量的评价指标体系。预测和评估不同规划方案包括替代方案的适应性措施在应对气候变化直接影响、间接影响以及累积性影响的作用和效果。

预测与评价阶段应对某一个或多个气候因素可能的演变趋势及其对规划的影响程度，影响范围进行分析。同时分析规划受到的气候变化影响是否会进一步对公众和环境产生风险（例如永久冻土融化导致道路崩塌产生的社会伤害等）。预测与评价阶段不应忽视对多个气候变化因素综合产生的累积性影响的分析。

为了确定间接影响的程度和范围，评价过程中应注意以下几点：①确定规划与环境相互影响可能产生的一系列续发事件，以预测规划实施的各阶段可能出现的气候变化影响，从而评价拟议规划中的适应性对策的作用和效果；②在高、中、低三个置信水平上确定这一系列续发事件发生的可能性；③预测在一系列续发事件发生的情况下气候变化影响的程度和范围。

根据气候变化影响预测的置信水平，把气候变化适应性评价分为以下4种情况（表4.1）。

情况1：影响预测处于高置信水平，规划受到的气候变化影响给公众和环境带来的风险较大。这种情况下应进行进一步的风险评价，确定适应性对策的程度和范围。跟踪监测阶段也应该进行适当的适应性对策的管理和调整。

情况2：影响预测处于高置信水平，规划受到的气候变化影响给公众和环境带来的风险较小。只需进行简单适应性对策评估及影响记录，不需要采取进一步的行动。

情况3：影响预测处于低置信水平，规划受到的气候变化影响给公众和环境带来的风险较大。应收集所有信息（包括影响的程度和范围）进行下一步的风险评价。该情况下的预测与评价应该把重点放在气候变化适应性对策的作用和范围及其不确定性上。跟踪监测阶段也应该进行适当的适应性对策的管理和调整。

情况4：影响预测处于低置信水平，规划受到的气候变化影响给公众和环境带来的风险较小。只需进行简单适应性对策评估及影响记录，不需要采取进一步的行动。

如果某一规划的气候变化适应性评价不属于以上4种情况，应直接进行接下来的SEA程序，确保气候变化影响及适应性对策得到有效的评估和管理，跟踪监测阶段也应该进行适当的适应性对策的管理和调整。

表 4.1 不同置信水平与风险水平上的气候变化适应性评价

置信水平	高风险	低风险
高置信水平	情况 1： • 进行进一步的风险评价 • 实施适当的跟踪监测，对适应性对策进行管理和调整	情况 2： • 整理气候变化影响及适应性对策的所有信息，并记录在环评报告书中 • 不需要采取进一步的行动
低置信水平	情况 3： • 进行进一步的风险评价 • 处理气候变化数据的不确定性 • 实施适当的跟踪监测，对适应性对策进行管理和调整	情况 4： • 整理气候变化影响及适应性对策的所有信息，并记录在环评报告书中 • 不需要采取进一步的行动

4）替代方案

替代方案的选择过程中应该关注其对气候变化适应性措施的调整。根据评价目的和环境目标，将规划方案与各替代方案进行比对和筛选，确定气候变化适应性对策存在的最主要的问题得以避免和解决，以实现规划决策的环境可接受度最高。

替代方案的选择和适应性对策的调整过程中应尽量避免所用数据和信息的不确定性。对任何替代方案都不能避免或不能有效应对的气候变化影响进行进一步的分析和处理。

5）公众参与

公众参与的对象不仅要包括规划部门、战略环评部门、气候部门的专家，还应该包括受气候变化影响以及与气候变化适应性措施相关的民众。气候变化及适应性对策对公共部门和私有部门产生的作用和影响是不同的，因此需要多部门公众的参与。

即使气候变化及适应性对策只对私有部门产生了作用和影响，该阶段也应该有公共部门的参与，因为私有部门虽希望气候变化风险得到降低或避免，但出于自身利益等方面的考虑不愿采取有效的适应性措施或不愿意改变已有的适应性措施。

6）监测与跟踪评价

监测与跟踪评价即监督气候适应性对策的实施，跟踪监测实施效果。同时建立气候变化应急处理系统，以随时应对出现的极端气候变化问题。对于重大气候变化影响的适应性对策应详细的表明跟踪评价计划并按计划实施。

规划本身及气候变化相关的信息、政策、法规等均随着时间处于不断变化的过程中，跟踪评价阶段应该对这些变化给予足够的考虑，以促进规划的气候变化适应性对策得以及时的调整。

4.2.2　评价要点

4.2.2.1　现状调查与影响识别

现状调查与影响识别的要点可以从以下三个角度进行归纳总结。

一是影响产生原因。规划目标一般包括社会发展、经济增长、生态环境和风险安全等方面，决定了规划区域未来的碳排放趋势及规划本身受气候变化影响的程度。

二是影响范围。影响范围的识别就是要划出不同层次的影响范围，并对不同区域受各种气候变化因子影响的程度进行区分。由于气候变化是一个相对大尺度的概念，因此规划影响范围应该包括规划实施区域及其以外的其他受影响区域。

三是影响性质。影响性质是指影响是直接产生的，还是间接产生的；是短期的，还是长期的；是否为累积性影响。

一般说来，不同类型规划对气候变化有着不同的影响，受到的气候变化影响也各不相同。在该阶段主要进行以下几方面的调查和分析：

√ 该规划是否对规划涉及部门的碳排放产生影响；

√ 该规划是否对人们的出行方式产生影响；

√ 该规划是否对肥沃土壤的蓄碳量合理利用产生了影响；

√ 该规划是否影响到再生能源的利用；

√ 该规划是否影响到区域低碳技术和低碳产业的发展；

√ 该规划是增加还是减少了需要填埋的固体废弃物量；

√ 该规划是否对建筑所用材料产生影响；

√ 该规划是否对基础设施的位置和设计进行了合理规划，是否可以保证基础设施经得起洪涝的侵袭；

√ 该规划是否对沿海区域的开发进行了合理规划，是否可以保证新开发区经得起海平面上升的风险以及海水腐蚀的风险；

√ 该规划是否对区域的水资源供应体系产生影响，能否保证干旱情况下的正常供水；

√ 该规划是否对区域的排水系统产生影响；

    ∨ 该规划是否对暴风雨等极端事件给予了足够的考虑和处理；

    ∨ 该规划是否会对生态系统的服务功能产生影响（如土壤碳含量保持等）；

    ∨ 该规划是否对生物栖息地产生影响。

    另外，影响识别阶段还包括识别气候变化的利益相关者。识别气候变化决策部门、相关规划部门，受气候变化影响最严重部门，以及受气候变化应对措施影响最严重的部门。

    针对各气候变化表征，规划的调查和识别要点如表4.2所示。

表4.2　调查和识别要点

气候变化表征	可能的气候变化影响
寒冷天数减少，炎热天数增多	1. 能源消耗将增加； 2. 冰川、积雪的融化影响附近水位线。
降雨量增大，强降雨频率增大	1. 导致基础设施毁坏、交通体系中断； 2. 增加水土流失； 3. 群众财产损失。
热浪发生频率及严重程度上升	1. 导致额外的消暑降温设备。
干旱区域增大	1. 路面和路基干裂； 2. 用地退化； 3. 绿化率降低。
海岸线上升，海啸发生频率增加	1. 淹没、腐蚀路面和路基； 2. 中断交通。

4.2.2.2　影响预测与评价

    该阶段的气候变化适应性评价除了进行必需的环境要素影响预测分析、环境容量、污染物总量、污染控制与应对措施等，还须重点解决以下问题：①从规划目标出发论证气候变化适应性措施的合理性；②从气候变化角度论证线路网布局和选线的合理性，包括线路规模、走向、战场布局等；③确定规划相关的制约性因素和资源承载力问题；④分析和评价目标规划与总体规划、土地利用规划、国民经济和社会发展及环境保护等规划在气候变化问题上的相互关系和协调性；⑤替代方案分析，包括零方案及其他交通方案。

    影响预测与评价阶段要点如表4.3所示。

表 4.3　影响预测与评价要点

类别		适应性措施
规划中气候变化应对措施	GHG 排放	1. 通过技术改进降低碳排放； 2. 提高能源利用效率； 3. 提高燃料使用效率； 4. 建设高效集中的交通系统； 5. 高效利用现有公共设施，防止额外添加造成的高碳排放； 6. 通过改善设计和布局以最大限度的利用可再生能源； 7. 增加绿化。
	出行方式	1. 提供更多低碳的出行方式； 2. 鼓励步行和使用自行车； 3. 改善区域发展模式，最大限度的减少出行； 4. 优先开发利用城市棕色地带； 5. 鼓励建立无车区； 6. 构建管理监督体系； 7. 鼓励汽车共用和分享。
	能源利用	1. 鼓励使用可再生能源、可持续能源以及可替代能源； 2. 为可再生能源的利用提供具体空间位置和规划； 3. 为交通基础设施提供再生能源利用设备。
	资源利用	1. 对公共基础设施的建设和维护过程中的固体废弃物进行统一处理； 2. 提高回收利用水平。
	土壤蓄碳量	1. 减少或避免交通规划对土壤蓄碳量的影响。
	降雨、洪涝	1. 确保已有的交通公共设施经得起洪涝的侵袭； 2. 减少洪泛区的交通设施面积，同时确保相关减缓和适应措施可以正常实施； 3. 保证一定的绿化面积及地表通透性。
	风暴	1. 通过合理规划和设计保证交通基础设施抵御暴风雨的侵袭。
	干旱、热浪	1. 合理规划和设计，以减少路面和路基降温冷却的需求； 2. 为物种迁移提供生态廊道； 3. 增加绿地覆盖率； 4. 保证交通系统用水需求。
	水土流失、滑坡	1. 减少水土流失区域和沿海滑坡区域的交通设施面积； 2. 增加植被覆盖面积。

4.3 适应性评价指标体系

4.3.1 指标体系构建原则

1）科学性与可操作性相结合原则

在设计指标体系时，要考虑理论上的完备性、科学性和正确性，即指标概念必须有明确的科学内涵，数据选取应客观、真实，计算与合成等要以公认的科学理论为依托，同时又要避免指标间的重叠和简单罗列。指标还应具有可操作性，既要有可取性（具有一定的现实统计基础），又要有可测性（所选的指标变量必须是在现实生活中可以测量得到或通过科学方法聚合生成的）。

2）定性与定量相结合原则

衡量气候变化的指标要尽可能地量化，但对于一些在目前认识水平下难以量化且意义重大的指标，可以用定性指标来描述。

3）特色与共性相结合原则

一方面指标体系要尽可能采用国内外普遍采用的综合指标，以便全面反映气候变化影响涉及的各个领域；另一方面也要兼顾区域自身生态环境特点，突出区域特色。

4）可达性与前瞻性相结合原则

指标体系要考虑目标的近期可达性和远期的前瞻性。一方面指标要考虑社会经济的发展进步而具有一定的前瞻性，另一方面也要考虑在近期是可实现的。

交通规划环评中气候变化标体系在构建过程中，本着以上原则进行指标选取及指标值确定工作。在指标选取上，主要采取通用的国家标准、国际标准和国内外相关气候变化指标，结合中国交通规划环评的实际，力求突出区域特点。在指标值确定上，参考及类比了国际和国内先进地区政策和研究中的指标值以及国内外先进气候变化研究的现状值，向相关领域专家咨询后，结合中国交通规划的现状进行科学合理的调整后确立。在指标计算方面采用国内外通用的计算方法，力求指标科学、可靠。

4.3.2 指标选取

通常条件下，指标的标准值可采用国家、地方相应标准，有关部门、行业的规定，如果缺乏相应的标准或规定，可采用国外先进城市的相应指标。指标选取可参照规划环评技术导则和其他正式颁布的国家生态建设和环境保护的考核或检查指标。

1）指标选取原则

基本指标可以从已建成的其他相关指标体系中选取，但必须注意要结合本次规划环评的特点进行选取。选取时注意以下几点：①选择的指标应直接与规划指定的目标相关联，尽量采用能定量表达的指标；②指标体系包含的指标数目，宜少而精；③指标体系应有层次性，各层次中的各项指标也应有主次；④指标体系的设计在概念上要具体清晰；⑤获取定量的指标值或定性概念所需投入的费用可行并合理；⑥清晰地识别出因果链；⑦指标具有相对独立性、可比性、可追索性和可分解性。

2）指标筛选

建立规划环境影响评价指标体系要紧密结合评价对象的特点，提高可操作性。在选择指标时，应在规划环境识别的基础上，以统计数据为基础，结合规划分析及环境背景调查情况，同时借鉴国外研究和实际工作中的指标设置及项目环境评价指标，首先从原始数据中筛选出评价信息，然后通过理论分析、专家咨询、频度统计法、相关性分析和公众参与等方法初步确立评价指标。通过多层次的筛选，得到内涵丰富又相对独立的指标所构成的评价指标体系，并在评价工作进展中根据实际情况补充、调整，最后完善成正式的指标体系。

规划环评指标的三个来源：①根据有关法规确定。这类指标是根据有关法规、政策或文件，比如"环境影响评价导则"、"环境质量标准"等确定的，一般都比较明确且定量化程度高。②通过公众参与确定。指标这类指标是通过公众参与的形式，根据公众所关注或重要的环境问题确定的。一般来说，需经评价者转化后方可成为评价指标。比如，渔民所担心的某一土地规划所引起的水土流失会影响其收入，这一问题需转化为悬浮物、溶解氧浓度等与鱼类生存、生长与繁殖关系密切的水体环境质量指标。③通过科学判断确定。这类指标主要指既没有被已有的法规、文件所规定，也没有被公众所意识到或公众对其重视程度认识不够，但又是规划环评中所不能忽视的因子。

规划环评与建设项目环评相比具有广泛性、复杂性、战略性、不确定性等特点，正处于研究和发展的初级阶段，尚未形成统一、完善的理论体系和有效的评价方法。在规划环境影响评价中，指标是用来揭示和反映环境变化趋势的工具，具体包括表示和描述环境背景状况、可预测的规划环境效益、替代方案对比以及监测规划执行情况与规划目标的偏差等。在规划环评中，由于涉及领域广、因子多，也就决定了评价指标的复杂性，这也是全面、科学、客观地描述、测度和评价规划环境影响评价所必需的，如此众多层次、众多类型的指标也就构成了规划环评的指标体系。

4.3.3 指标体系建立——以交通规划为例

4.3.3.1 指标体系构建框架

以中国交通系统现状为背景，考虑气候变化的复杂性和累积性，以 DPSIR 模型建立交通规划环评中的气候变化指标体系，构建思想的简化示意图见图4.2。

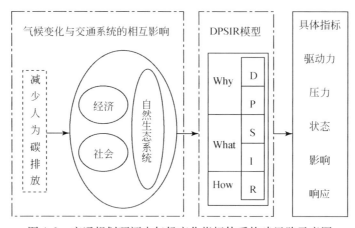

图4.2 交通规划环评中气候变化指标体系构建思路示意图

（1）驱动力。根据 DPSIR 概念模型对于驱动力的解释，在交通规划环评中的"驱动力"是指造成交通规划会影响气候变化的原因，也可分为自然驱动力和社会经济驱动力。自然驱动力包括绿化率等。社会经济驱动力包括能源消费结构、交通量等。能源消费结构如化石能源消耗量等会直接影响到交通部门的碳排放量，进而产生对区域气候变化的影响。从气候变化的时效性来说，交通规划中的绿化率对区域气候变化的影响是潜在的和缓慢的，其影响结果需要很长时间才能凸现出来。社会经济因素在时间和空间上变化大、作用突出，应作为分析气候变化影响的主导驱动因子。就交通规划对区域气候变化影响的可能程度看，可以选用绿化率、能源利用效率、交通年变化量等指标来表示各种驱动力强度。

（2）压力。各种社会经济驱动力对于气候变化的压力集中表现在其碳排放量上，尤其是 CO_2 的排放。因此，对气候变化的压力，可以采用年排放量、月排放量以及平均单个车辆排放量来表示。

（3）状态。气候变化的状态是在各种压力下系统的现实表现，是驱动力和压力共同作用的结果。气候变化现状及其动态变化的监测是研究驱动力和压力的基础，也是分析 I 和 R 的出发点。由此看来，加强气候变化的现状研究具有一定的必要性和重要性。气候变化的描述应该包括气温、海平面、水位、干旱和洪水频率等方面。

（4）影响。气候变化的状态与人类的生产、生活息息相关，不断变化的气候状态会对人类生产和生活产多诸多方面的影响。DPSIR 概念模型中的影响指数是用来描述气候变化的最终环境效果和经济社会效果。气候状态的变化所产生的影响主要表现在以下几个方面：一是气候变化对生态环境系统的影响，比如物种变化；二是气候变化对社会经济系统的影响，比如气候变化导致的人口死亡率、气候变化引起的交通工具的损坏情况以及应对气候变化消耗的财政损失等。

（5）响应。社会经济因素对于气候变化的压力，塑造了气候变化的当前状态，状态反过来又影响交通系统的结构和运输能力，甚至对财产安全和人体健康造成影响。显然，为了实现交通系统的可持续发展，人类必须调整自身行为，即人类社会的响应。这些调整包括直接调整和间接调整。直接调整包括诸如单双号限行降低碳排放等，这种直接调整略带有强制性的倾向，可能会危害到生产者和消费者的利益，因此要做到调整合理难度还是很大的。在现实中，更多的是间接调整，通过能源消耗结构的调整、可再生能源的利用、加大交通技术研究的投入等来间接应对气候变化的影响。

4.3.3.2　指标体系建立

终上所述，基于 DPSIR 模型原理采用自上而下、逐层分解的方法，把交通规划环评中的气候变化指标分为 3 个层次，每个层次又分别选择反映其主要特征的要素作为评价指标。第 1 层为目标层（O），以应对气候变化综合指数为目标，用来衡量交通规划区域应对气候变化的总体水平；第 2 层为准则层（C），包括驱动力、压力、状态、影响、响应 5 个部分；第 3 层为指标层（I），根据系统性、科学性和实用性的原则，考虑到指标基础数据的可得性和易量化性，在国内外气候变化指标体系研究的基础上，结合我国相关环境保护标准与相关专家的意见，同时考虑中国交通规划的特征，建立中国交通规划环评中气候变化指标体系，如表 4.4 所示。

表 4.4 交通规划环评中气候变化评价指标体系

目标层（O）	准则层（C）	指标层（I）	指标说明
交通规划应对气候变化的综合能力水平	驱动力 C_1	年交通量增长率 I_{11}/%	表征主要碳排放源的数量变化情况
		万元 GDP 能耗 I_{12}/tce	表征区域内能源消耗情况
		交通能源消耗占社会总消耗比率 I_{13}/%	表征区域内能源利用效率水平
		建成区绿地覆盖率 I_{14}/%	表征规划区绿化程度
	压力 C_2	交通 GHG 排放占总排放的比率 I_{21}/%	表征区域内碳排放情况
		GHG 排放年变化率 I_{22}/%	
	状态 C_3	每十年平均温度变化量 I_{31}/℃	反应有无异常温度情况
		GHG 年均浓度 I_{32}/ppm	表征现有的 GHG 浓度水平
		路基高度 I_{33}/m	附近海域、水域的水位线高度直接决定
		年均径流深 I_{34}/m	附近水域的水位线高度直接决定了区域内发生洪涝灾害的可能性
		年均极端事件次数 I_{35}/万次	表征气候异常水平
	影响 C_4	极端事件造成的年均路面毁坏面积比率 I_{41}/‰	表征气候变化对交通系统硬件的影响
		极端事件引起的年均交通事故比例 I_{42}/%	表征气候变化对社会的影响
		极端事件引起的年均交通死亡数比例 I_{43}/%	
		极端事件引起的年均交通财政损失 I_{44}/亿元	表征气候变化对经济的影响
		极端事件引起的物种类数变化率 I_{45}/%	表征气候变化对生态的影响
	响应 C_5	可再生能源和清洁能源的车辆比率 I_{51}/%	反映可再生能源的利用水平
		可再生能源和清洁能源的年消耗量比率 I_{52}/%	
		地处洪泛区的道路面积比率 I_{53}/%	表征洪涝灾害的脆弱区域
		配备排水系统的道路比率 I_{54}/%	反应交通体系应对洪涝灾害的能力
		边坡绿化率 I_{55}/%	增加自然界碳汇水平

4.3.4 指标权重

4.3.4.1 指标权重确定方法

采用定性与定量综合集成方法来确定权重。定性主要通过调查问卷了解专家对气候变化适应性评价指标体系中各单个指标的看法，定量主要通过层次分析法和模糊数学判定法评估评价区域应对气候变化的能力水平。具体评价如下。

按照评价的内容和已确定的气候变化评价指标体系，向专家进行咨询和问卷调查，以此获得评价指标体系的相对重要性系数，利用层次分析法，计算指标的权重。同时为了科学获得层次分析法所需的原始数据，本书采用德尔斐法获得两两比较矩阵的值。以下是利用德尔斐法和层次分析法相结合确定的各个指标的相对权重。

（1）相对于应对气候变化综合能力水平这个总目标 O 来说，其准则指标层内有 5 个指标，驱动力、压力、状态、影响和响应（C_1，C_2，C_3，C_4），将其分别进行两两比较，得到相对重要性判断矩阵 O-C，见表 4.5。

表 4.5 相对重要性判断矩阵 O-C

相对重要性	驱动力 C_1	压力 C_2	状态 C_3	影响 C_4	响应 C_5
驱动力 C_1	1	2	9	3	1
压力 C_2	1/2	1	5	2	1
状态 C_3	1/9	1/5	1	1/3	1/7
影响 C_4	1/3	1/2	3	1	1/2
响应 C_5	1	1	7	2	1

将判断矩阵 O-C 的第一列归一化处理为 $\sum\limits_{k=1}^{5} \partial_{k1} = 1 + 1/2 + 1/9 + 1/3 + 1 = 2.94$。

$$O_{11} = \frac{\partial_{11}}{\sum\limits_{k=1}^{5} \partial_{k1}} \approx 0.34 ; \quad O_{21} = \frac{\partial_{21}}{\sum\limits_{k=1}^{5} \partial_{k1}} \approx 0.17 ; \quad O_{31} = \frac{\partial_{31}}{\sum\limits_{k=1}^{5} \partial_{k1}} \approx 0.04 ;$$

$$O_{41} = \frac{\partial_{41}}{\sum\limits_{k=1}^{5} \partial_{k1}} \approx 0.11 ; \quad O_{51} = \frac{\partial_{51}}{\sum\limits_{k=1}^{5} \partial_{k1}} \approx 0.34 。$$

其余列计算同上，可得判断矩阵按列归一化形成矩阵，并按行相加，行和归一化，得出准则层指标的权重，计算结果如表4.6所示。

表4.6　准则层指标权重计算结果

第一列	第二列	第三列	第四列	第五列	行和	权重 W
0.34	0.43	0.36	0.36	0.27	1.76	0.35
0.17	0.21	0.20	0.24	0.27	1.10	0.22
0.04	0.04	0.04	0.04	0.04	0.20	0.04
0.11	0.11	0.12	0.12	0.14	0.60	0.12
0.34	0.21	0.28	0.24	0.27	1.35	0.27

计算判断矩阵的最大特征根

$$AW = \begin{bmatrix} 1.00 & 2.00 & 9.00 & 3.00 & 1.00 \\ 0.50 & 1.00 & 5.00 & 2.00 & 1.00 \\ 0.11 & 0.20 & 1.00 & 0.33 & 0.14 \\ 0.33 & 0.50 & 3.00 & 1.00 & 0.50 \\ 1.00 & 1.00 & 7.00 & 2.00 & 1.00 \end{bmatrix} \times \begin{bmatrix} 0.35 \\ 0.22 \\ 0.04 \\ 0.12 \\ 0.27 \end{bmatrix} = \begin{bmatrix} 1.78 \\ 1.11 \\ 0.20 \\ 0.60 \\ 1.36 \end{bmatrix}$$

$$\lambda_{max} = 1/5 \times \sum_{1}^{5} \frac{AW_i}{W_i} = 5.03$$

为了检验判断矩阵的一致性（或相容性），可以进行检验一致性。一般用C. I. 这个一致性指标：

$$C.\ I.\ = \frac{\lambda_{max} - n}{n - 1} = 0.0075$$

式中，n 为样本数。在检验一致性时，还得将 C. I. 与平均随机一致性指标 R. I. 进行比较，查表得出 R. I. 为 1.12，得出检验数

$$C.\ R.\ = \frac{C.\ I.}{R.\ I.} = 0.0067 < 0.1$$

因此，该判断矩阵具有令人满意的一致性。

（2）每一个准则层下指标层指标相对权重的确定。同上，计算每一个准则层下指标层指标之间的相对权重。驱动力指标 C_1 下的 4 个指标（I_{11}，I_{12}，I_{13}，I_{14}）进行两两比较得出相对重要性判断矩阵 C_1-I，见表4.7。

表 4.7 相对重要性判断矩阵 C_1-I

相对重要性	年交通量增长率 I_{11}	万元 GDP 能耗 I_{12}	交通能源消耗占社会总消耗比率 I_{13}	建成区绿地覆盖率 I_{14}	权重 W	C. R.
年交通量增长率 I_{11}	1	1	1	9	0.33	
万元 GDP 能耗 I_{12}	1	1	1	7	0.31	
交通能源消耗占社会总消耗比率 I_{13}	1	1	1	7	0.31	0<0.1
建成区绿地覆盖率 I_{14}	1/9	1/7	1/7	1	0.04	

同样的，压力指标 C_2 下的 2 个指标（I_{21}，I_{22}）进行两两比较得出相对重要性判断矩阵 C_2-I，见表 4.8。

表 4.8 相对重要性判断矩阵 C_2-I

相对重要性	交通 GHG 排放占总排放的比率 I_{21}	GHG 排放年变化率 I_{22}	权重 W	C. R.
交通 GHG 排放占总排放的比率 I_{21}	1	5	0.83	
GHG 排放年变化率 I_{22}	1/5	1	0.17	0<0.1

同样的，状态指标 C_3 下的 5 个指标（I_{31}，I_{32}，I_{33}，I_{34}，I_{35}）进行两两比较得出相对重要性判断矩阵 C_3-I，见表 4.9。

表 4.9 相对重要性判断矩阵 C_3-I

相对重要性	每十年平均温度变化量 I_{31}	GHG 年均浓度 I_{32}	路基高度 I_{33}	年均径流深 I_{34}	年均极端事件次数 I_{35}	权重 W	C. R.
每十年平均温度变化量 I_{31}	1	1/5	1/3	1	1/7	0.06	
GHG 年均浓度 I_{32}	5	1	2	5	1	0.32	
路基高度 I_{33}	3	1	1	3	1/2	0.20	0.066<0.1
年均径流深 I_{34}	1	1/5	1/3	1	1/7	0.06	
年均极端事件次数 I_{35}	7	1	2	7	1	0.37	

影响指标 C_4 下的 5 个指标（I_{41}，I_{42}，I_{43}，I_{44}，I_{45}）进行两两比较得出相对重要性判断矩阵 C_4-I，见表 4.10。

表 4.10　相对重要性判断矩阵 C_4-I

相对重要性	极端事件造成的年均路面毁坏面积比率 I_{41}	极端事件引起的年均交通事故比例 I_{42}	极端事件引起的年均交通死亡数比例 I_{43}	极端事件引起的年均交通财政损失 I_{44}	极端事件引起的物种类数变化率 I_{45}	权重 W	C. R.
极端事件造成的年均路面毁坏面积比率 I_{41}	1	3	3	1	1/2	0.21	
极端事件引起的年均交通事故比例 I_{42}	1/3	1	1	1/5	1/7	0.06	
极端事件引起的年均交通死亡数比例 I_{43}	1/3	1	1	1/5	1/7	0.06	0.0089 <0.1
极端事件引起的年均交通财政损失 I_{44}	1	5	5	1	1	0.29	
极端事件引起的物种类数变化率 I_{45}	2	7	7	1	1	0.38	

影响指标 C_5 下的 5 个指标（I_{51}，I_{52}，I_{53}，I_{54}，I_{55}）进行两两比较得出相对重要性判断矩阵 C_5-I，见表 4.11。

表 4.11　相对重要性判断矩阵 C_5-I

相对重要性	可再生能源和清洁能源的车辆比率 I_{51}	可再生能源和清洁能源的年消耗量比率 I_{52}	地处洪泛区的道路面积比率 I_{53}	配备排水系统的道路比率 I_{54}	边坡绿化率 I_{55}	权重 W	C. R.
可再生能源和清洁能源的车辆比率 I_{51}	1	1	1	3	1	0.23	
可再生能源和清洁能源的年消耗量比率 I_{52}	1	1	1	3	1	0.23	
地处洪泛区的道路面积比率 I_{53}	1	1	1	3	1	0.23	0.0047 <0.1
配备排水系统的道路比率 I_{54}	1/3	1/3	1/3	1	1/3	0.08	
边坡绿化率 I_{55}	1	1	1	3	1	0.23	

4.3.4.2 指标相对权重系数

最后得到整个指标体系的相对权重系数如表4.12所示。

表4.12 指标体系相对权重系数

目标层（O）	准则层（C）	权重	指标层（I）	次级权重	合成权重
交通规划应对气候变化的综合能力水平	驱动力 C_1	0.35	年交通量增长率 I_{11}/%	0.33	0.116
			万元 GDP 能耗 I_{12}/tce	0.31	0.109
			交通能源消耗占社会总消耗比率 I_{13}/%	0.31	0.109
			建成区绿地覆盖率 I_{14}/%	0.04	0.014
	压力 C_2	0.22	交通 GHG 排放占总排放的比率 I_{21}/%	0.83	0.183
			GHG 排放年变化率 I_{22}/%	0.17	0.037
	状态 C_3	0.04	每十年平均温度变化量 I_{31}/℃	0.06	0.002
			GHG 年均浓度 I_{32}/ppm	0.32	0.013
			路基高度 I_{33}/m	0.20	0.008
			年均径流深 I_{34}/m	0.06	0.002
			年均极端事件次数 I_{35}/万次	0.37	0.015
	影响 C_4	0.12	极端事件造成的年均路面毁坏面积比率 I_{41}/‰	0.21	0.025
			极端事件引起的年均交通事故比例 I_{42}/%	0.06	0.007
			极端事件引起的年均交通死亡数比例 I_{43}/%	0.06	0.007
			极端事件引起的年均交通财政损失 I_{44}/亿元	0.29	0.035
			极端事件引起的物种类数变化率 I_{45}/%	0.38	0.046
	响应 C_5	0.27	可再生能源和清洁能源的车辆比率 I_{51}/%	0.23	0.063
			可再生能源和清洁能源的年消耗量比率 I_{52}/%	0.23	0.063
			地处洪泛区的道路面积比率 I_{53}/%	0.23	0.062
			配备排水系统的道路比率 I_{54}/%	0.08	0.022
			边坡绿化率 I_{55}/%	0.23	0.062

如本章开头阐述的一样，该指标体系是针对公路网规划环评来构建，因此上表中的指标相对权重系数只适用于公路网规划环评中的气候变化适应性评价。对于其他类型的交通规划，上述的指标体系构建方法和指标权重确定方法同样具有参考意义。

5

案例实证分析

5.1 城市规划环境影响评价的低碳评价——以滨海新区为例

在构建了基于低碳发展目标的 SEA 技术框架之后，本章拟选取滨海新区发展战略环境评价作为典型案例进行实证研究，以验证构建的技术方法的可行性，并为国内 SEA 开展低碳评价的实践提供技术支持。

5.1.1 滨海新区发展战略环境评价

党的十六届五中全会做出了把天津滨海新区纳入国家发展总体战略的决策。《国务院关于推进天津滨海新区开发开放有关问题的意见》(国发〔2006〕20 号)则明确了滨海新区的功能定位：依托京津冀、服务环渤海、辐射"三北"、面向东北亚，努力建设成为我国北方对外开放的门户、高水平的现代制造业和研发转化基地、北方国际航运中心和国际物流中心，逐步成为经济繁荣、社会和谐、环境优美的宜居生态型新城区。2009 年 11 月，国务院批复同意了天津市调整滨海新区行政区划，建立统一的滨海新区行政区，这为滨海新区开发开放、科学发展提供了重要的体制机制保障。面对这一发展机遇，滨海新区正在掀起新一轮开发开放的建设热潮。为了从源头避免和减缓发展中可能遇到的资源环境问题，降低资源环境代价，由南开大学战略环境评价研究中心牵头，与天津市环境保护科学研究院、天津市环境影响评价中心、天津市城市规划设计研究院共同完成了滨海新区发展战略环境影响评价工作，目的是从战略高度将可持续发展的因素纳入到滨海新区经济和社会发展的综合决策中。

5.1.1.1 案例简介

滨海新区发展战略环境评价是对滨海新区发展战略进行评价，不同于一般的规划环境影响评价以单一的规划作为评价对象，而是从指导滨海新区未来发展的多个规划中提炼、总结出未来的总体发展战略作为评价对象。在项目开始之时，正值"十一五"中期，2006 年编制的《天津滨海新区国民经济和社会发展第十一个五年规划纲要》和《天津滨海新区城市总体规划（2005～2020 年)》作为指导滨海新区发展的重要规划，在评价工作初期为确定滨海新区未来发展战略提供了重要的依据。随着新一轮滨海新区城市总体规划的修编，滨海新区发展方向出现了新的变化。2008 年以来，评价工作组在早期介入的基础上，与相关规划编制单位进行了充分的互动与交流，并密切追踪滨海新区最新发展态势，也将《天津滨海新区城市总体规划（2009～2020）（阶段稿)》中提出的新的发展战略作为本次评价的对象。同时，在该总体规划之前编制的《天津市滨海新区空间发展战略研究（2008～2020)》也为本次评价确定滨海新区发展战略提供了重要的参考。

评价的空间范围涵盖整个滨海新区，陆域面积 $2270km^2$，兼顾周边地区。评价的时间跨度为 2008～2020 年，以 2007 年为评价基准年。评价的技术路线如图 5.1 所示。

经过初步的现状调查和规划分析，课题组认为应对全球气候变化、推进低碳发展已成为当前国际社会的普遍共识。2009 年，我国政府正式提出到 2020 年单位 GDP CO_2 排放量在 2005 年的基础上降低 40%～45% 的战略目标，彰显了我国低碳化转型的决心和坚定立场。滨海新区正值工业化、城市化的快速发展阶段，新区的发展不仅关系到天津的发展，还关系到环渤海地区的发展，作为全国综合配套改革试验区，更是在国家发展战略中占有举足轻重的地位。低碳发展作为一种以"低消耗、低排放、高产出"为特征的经济发展模式，有利于滨海新区在积极应对气候变化的同时，加快转变经济发展方式，进一步优化能源结构、促进产业结构调整。因此，碳排放目标可达性和低碳发展潜力分析应该成为该 SEA 的工作重点之一。本章基于对我国低碳发展目标和滨海新区低碳发展阶段的研究，从理论上探讨了滨海新区发展战略环境评价中的低碳评价工作框架和技术方法①。

---

① 由于滨海新区在能源消费和碳排放方面的数据相对缺乏，出于理论研究的需要，本书对于某些缺少的数据采用天津市数据折算来代替。

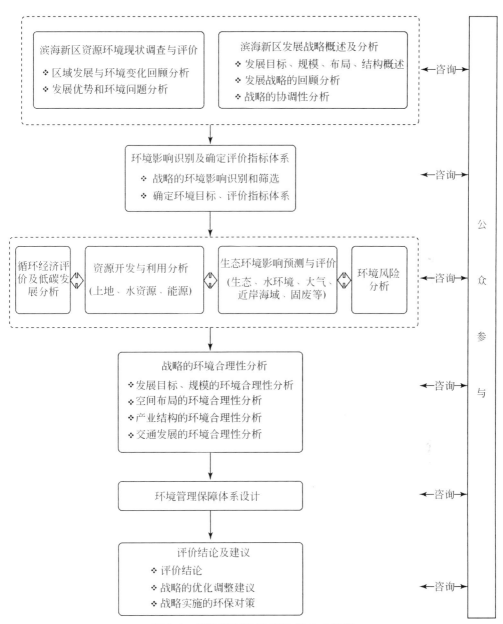

图 5.1　滨海新区发展 SEA 的技术路线

5.1.1.2　战略规划概述

通过分析比较"十一五"以来滨海新区的各项发展战略规划，本书归纳总结了指导未来滨海新区发展的可能与低碳发展相关的战略要点。

（1）功能定位和发展目标。依托京津冀、服务环渤海、辐射"三北"、面向东北亚，努力建设成为我国北方对外开放的门户、高水平的现代制造业和研发转化基地、北方国际航运中心和国际物流中心，逐步成为经济繁荣、社会和谐、环境优美的宜居生态型新城区。

（2）城市规模。2020年，地区生产总值（地区GDP）达到15 000亿元以上。第三产业比重超过42.0%，第二产业比重保持在57.6%左右，第一产业比重降到0.4%以下。2020年，常住人口规模的高限值规划控制在550万人，滨海新区城镇建设用地规模控制在654.7km²。加强土地资源的管理，严格控制城镇建设用地规模。

（3）空间布局。整合各城区和功能区，形成"一核双港、九区支撑"[①]的城市空间结构，实现南重化、北旅游、西高新、中部综合港城发展方向与格局，如图5.2。

（4）产业发展。瞄准国际先进水平，以新型服务业和新兴工业为先导，先进制造业为支柱，资源型工业和生产者服务业为基础，努力打造先进制造业和新兴服务业"双轮驱动"的示范区，构建精细化、知识化和生态化相互渗透与融合发展的开放式新型产业体系，形成与城市战略定位相匹配的综合实力与服务功能。通过滨海新区九个功能区的产业布局调整、空间整合，未来规划形成航空航天、石油化工、装备制造、电子信息、生物制药、新能源新材料、轻工纺织、国防科技等八大支柱产业，物流业、金融业、休闲旅游业、信息与科技服务、服务外包业、总部经济和创意产业等七大服务业。

（5）交通发展。加强海港、空港交通枢纽功能，构建沟通东西、联系南北、通达腹地的区域陆路大通道，强化与中心城区、周边地区的交通一体化系统，大力发展公共交通，完善现代化综合交通体系，全面提升滨海新区综合交通枢纽地位和功能。

（6）资源利用。①土地资源：规划2020年城市建设用地约为654.7km²，人均120m²/人；保证生态用地不缩减，修护退化土地。限制建设用地侵蚀生态用

---

① "一核"指滨海新区商务商业核心区，由于家堡金融商务区、响螺湾商务区、开发区商务及生活区、解放路和天碱商业区、蓝鲸岛生态区等组成。"双港"是以独流减河航道为界划分南北两大港区。北部港区包括天津港的东疆港区、北疆港区、南疆港区、北塘港区、中心渔港和临港工业区，兼有商港和工业港功能。南部港区建设南港工业区，近期以工业港为主，预留综合港的发展可能。"九区"是指通过优化产业布局，形成九个产业功能区，分别为海港物流、中心商务区、先进制造业产业区、滨海高新区、临空产业区、南港工业区、临港工业区、海滨旅游区、中新生态城。

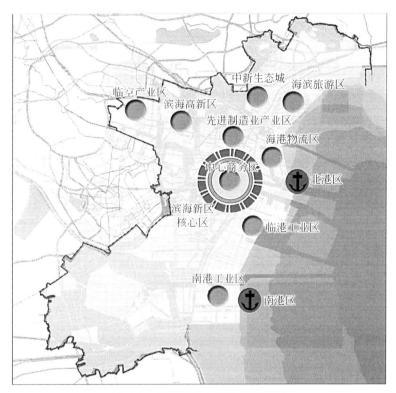

图 5.2　滨海新区空间布局示意图

地。禁止占用自然生态用地，到 2020 年，滨海新区生态用地达到 1926.25km²，自然生态用地为 399.25km²，各类湿地总面积 659.4km²。②水资源：规划多种水资源联合调度，构筑以南水北调、引滦为主的多种水资源优化配置体系。重点推广海水淡化与海水循环冷却技术，开发再生水回用和雨洪水利用。形成外调水和海水主要供给生活和工业，当地水、再生水和浅层地下水主要供给农业、生态和工业低质用水的基本格局。③能源：能源结构优化方面，优先发展利用天然气，提高天然气在能源结构中的比重，充分利用大港油田的天然气。逐步减少煤制气使用量，减少煤炭在民用能源结构中的使用量。积极发展太阳能、地热能、生物质能等可再生能源；节约能源方面，实现结构节能、技术节能、管理节能，建设节能示范城区，从工业节能、器具节能、建筑节能、供热节能、交通节能各方面推进节能工作。

（7）生态环境建设与保护。建设限制分区，完善生态网络骨架，构建"两区七廊"的生态空间结构；完善水网系统，规划疏通清淤现状河道及水库，形成河湖相通的水网系统；严格执行国家法律和管理规定、积极制定地方法规，对自然保护区、湿地、滩涂、农用地和林地进行管理和保护；统筹规划新区外围团泊水库、七里海湿地，建设和保护新区南部和北部共 $500km^2$ 的两大生态功能区。结合区域河流、道路绿化带建设复合生态廊道；提高清洁能源在终端能源消费中的比重，开发并推广清洁能源和可再生能源清洁燃煤技术。施行清洁生产，全面加强颗粒物开放源的控制，严格控制扬尘污染，大力提倡使用清洁能源交通工具，加强汽车尾气防治；加强国际合作，推进温室气体 CO_2 的减排；全面推进清洁生产审核。对社会流通领域固体废物，建立覆盖全滨海新区的再生资源回收利用网络和交易市场。促进处理处置产业化规模。完善生活垃圾分类收集及回收利用系统，改扩建大港、汉沽等垃圾处理场。

（8）基础设施建设。电力供应：加快新区电源建设，保证足够的电源支撑和足够的调峰能力，满足负荷增长的要求。加快 500kV 网架的建设。燃气供应：以天然气作为城市燃气主导气源，煤制气和液化石油气为辅助气源，主要解决工业生产、小型商业企业、燃气汽车和燃气管网短期达不到地区的用气。规划 2020年滨海新区城镇居民燃气气化率达到 100%。城市供热：滨海新区规划热源将以热电联产为主，集中供热锅炉房为补充，充分利用工业余热、地热、天然气等清洁能源的城市供热体系，实行采暖、制冷和热水联供的多功能服务体系。规划 2020 年集中供热普及率达到 100%。

5.1.2 滨海新区发展 SEA 中的低碳评价内容

5.1.2.1 战略规划分析

基于低碳发展目标的 SEA 战略规划分析，其目的是识别拟议的战略规划对低碳理念和低碳发展目标的融合程度，从而确定 SEA 的工作任务和评价目标。对相关发展战略规划的分析可知，滨海新区的发展战略主要包括功能定位与发展目标、城市规模、空间布局、产业发展、交通发展、资源利用、生态环境建设与保护和基础设施建设等方面的内容。同时，在对天津市上层发展规划和滨海新区同层次其他规划（包括环保规划、循环经济规划等）进行协调性分析的过程中，没有发现与滨海新区低碳发展相关的战略规划文本。这可能是由于低碳概念刚刚兴起，相关部门都还在加紧出台应对气候变化和低碳发展规划、政策与法规，但都基本处于起步和编制阶段。从这个角度看，本次评价对滨海新区已有的发展战略规划进行碳排放目标和低碳理念融合性评价，并完善战略规划的低碳发展内容，符合新区未来的发展要求，具有重要的指导意义。

由于滨海新区暂时还没有低碳发展相关规划，因此本评价的规划分析主要利用核查表、专家和部门咨询以及头脑风暴法，对战略规划内容进行逐一判断和分析，研究其对低碳发展的影响和促进程度（表5.1）。

表5.1 滨海新区发展战略规划的低碳融合核查表

战略规划内容			低碳衡量指标	温室气体减排	碳汇吸收	碳排放强度目标可达	发展转型
功能定位与主要职能				−1	2	1	2
城市规模	经济规模增加			−2		2	2
	人口规模增加			−1		−1	−1
	用地规模	城镇建设用地增加		−2	−2	−1	−1
		围海造陆		−1	±1	±1	±1
空间布局：一城三片双港九区					−1		
产业结构及布局	产业结构调整			1		2	3
	产业布局及发展	中心商务区		−1			1
		临空产业区		−1			1
		滨海高新区				2	2
		先进制造业产业区		−1		1	2
		中新天津生态城		2	2	3	3
		海滨旅游区		1		1	2
		海港物流区		−1		1	1
		临港工业区		−2		1	1
		南港工业区		−2		−1	−1
基础设施建设	交通	空港（机场）建设		−1	−1		−1
		港口建设	北港区				
			南港区				
		公路建设		−2	−1		−1
		铁路建设		1	−1		1
		城市道路系统建设		−1			1
		公共交通系统	地面快速公共交通建设	1		1	2
			轨道交通建设	1		1	2

续表

战略规划内容		低碳衡量指标	温室气体减排	碳汇吸收	碳排放强度目标可达	发展转型
基础设施建设	能源	电厂建设	-3		-2	-1
		新建扩建变电站				
		发展热电联产	2		2	3
		发展清洁和可再生能源	2		2	3
	给排水	水厂及再生水厂建设				1
		发展海水淡化	-1			
		实行雨污分流				1
	防灾减灾工程建设		-1			
资源环境保护	岸线利用		±1	±1		
	绿地系统建设		2	3		1
	生态工业区建设		1		2	2
	循环经济产业链建设					2
	生态廊道、生态组团建设		1	2		
	污水处理厂建设		-1			
	垃圾处理厂的新建、改造、扩建		1			1
其他	城乡统筹与新城镇建设		-1		1	1
	城乡居民收入提高		-1		2	2

　　本核查表主要由战略规划内容和低碳衡量指标组成。规划内容识别了可能与碳排放和低碳发展相关的功能定位、城市规模、产业结构和基础设施建设等领域的指标，低碳衡量指标则筛选了是否有利于温室气体总量减排、能否增加区域碳汇吸收量、是否有助于实现碳强度减排目标以及是否有助于区域发展的低碳转型等四个指标。借助专家和部门咨询得到核查表的得分。从"-3"到"3"，数值越大，表示越有利于低碳发展，即对低碳理念的融合程度越强。

　　通过对战略规划内容的分析和核查表的初步判断，可知：

　　（1）滨海新区的发展战略规划目前从内容上尚未明确提出碳减排的定量化目标和指标，但是在生态环境建设与保护领域，提出了"推进温室气体 CO_2 的减排"的战略对策。

　　（2）到2020年，滨海新区地区生产总值达到15 000亿元以上，常住人口规模550万人，城镇建设用地规模654.7km^2。经济规模、人口规模和建设用地规模的快速发展，不利于温室气体总量的削减和碳汇建设，对低碳发展也起到一定的不利影响。

（3）滨海新区制定了"优先发展利用天然气，提高天然气在能源结构中的比重"、"积极发展太阳能、地热能、生物质能等可再生能源"、"发展热电联产"等能源结构优化战略，提出"第三产业比重超过42.0%"目标，发展"地面快速公共交通建设和轨道交通建设"等绿色交通战略，绿地系统建设以及生态工业区建设等，将极大地保证滨海新区碳排放强度目标的可达性，促进区域低碳发展转型。

因此，从总体上看，滨海新区发展战略规划较好地融合了低碳发展的理念，但是在低碳衡量指标上仍需明确。

5.1.2.2 现状调查与分析

1）应对气候变化的脆弱性

滨海新区气候属于暖温带半湿润大陆性季风气候。由于濒临渤海，受季风环流的影响很大，冬季盛行西北风，夏季盛行东南风，春秋季多西南风。冬季长，春秋短，春季干旱多风，夏季高温高湿雨水多，秋季冷暖适宜，冬季寒冷少雪，四季变化明显。新区年平均气温12.6℃，年均温差30.7℃，无霜期206天；年平均降水量为604.3mm，主要集中在夏季，约占全年降水量的76%；年蒸发量为1750~1840mm，是年降水量的3倍；年日照时数为2898.8h，平均日照百分率为64.7%，年太阳能辐射量539kJ/cm²，是全市太阳能辐射量最丰富的地区。另外，滨海新区月平均风速为4m/s，极端最大风速为33m/s（汉沽盐场1961年4月5日），是天津市风能资源最丰富的地带，风能密度平均可达155~170W/m²，大于3m/s风速的年积累时数可在6000h左右，是全市开发风力资源最有前景的地区。

从气候演变趋势[①]来看，1960~2010年的50年间，天津市年平均气温升高了1.9℃，城市热岛效应明显。预计2010~2030年，天津市年平均气温还将升高1.1~1.3℃，到2050年将升高2.0~2.2℃。由于气候变暖，预计2010~2030年天津市年平均降水量将增加10%左右，到2050年将增加10%~15%。预计未来30年，天津市沿海海平面将比2007年升高88~161mm；冬季严寒日数减少，夏季炎热期延长，极端高温、热浪、干旱等愈发频繁，风暴潮、咸潮、赤潮等海洋灾害频率加大。滨海新区位于天津市的沿海地区，地势相当低平，极易遭受因气

---

① 由于缺乏滨海新区气象方面的权威资料，本部分用天津市的气象资料来分析滨海新区的气候变化趋势。

候变暖、海平面上升带来的海洋自然灾害的威胁，加之水资源和碳汇资源相对缺乏，面对高温、热浪、干旱等极端天气事件和风暴潮、咸潮入侵、赤潮等海洋灾害具有更高的脆弱性。

2）社会经济发展现状

滨海新区在1998～2007年的十年内，社会经济快速发展，地区生产总值逐年上升（图5.3），三次产业的结构也得到有效优化。

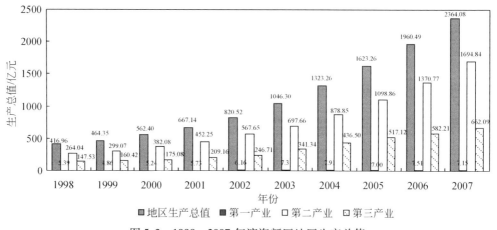

图5.3　1998～2007年滨海新区地区生产总值

（1）第一产业。种植业形成了汉沽葡萄种植区，大港冬枣种植区；水产养殖业在塘沽、汉沽、大港初步形成了三大优势水产品产业带，一是沿海对虾、三疣梭子蟹、牙鲆、红鳍东方鲀等海珍品产业带，二是浅海滩涂贝类产业带，三是南美白对虾产业带。

（2）第二产业。滨海新区现状第二产业主要发展的行业包括石油和天然气开采业、基础原材料行业（包括石油加工炼焦及核燃料加工业、化学原料及化学制品制造业、黑色金属冶炼及压延加工业、有色金属冶炼及压延加工业）、技术密集型行业（包括装备仪器制造、医药制造等）。对滨海新区2005～2007年各主要工业行业产值在GDP中所占比例进行统计，2007年与2005年相比，基础原材料行业所占比例升高，技术密集型行业所占比例下降。

机械工业中汽车生产规模继续扩张，拉动了汽车零配件、汽车线束、汽车音响等相关产品的较快增长。船舶工业自主创新能力显著增强，经济效益继续提高。现代冶金工业2007年全年生产铁657.8万t，钢866万t，钢材944.75万t，无缝钢管产量211.39万t，无缝钢管合金比例达到40%，自主知识产权的TP系列石油套管产量增加 20%。电子信息行业 2007 年生产移动电话达到 1.1 亿部，数码相机 550 万部，大规模集成电路超过 6 亿块，半导体分立器件约 200 亿支，液晶显示器约 700 万台。石油及化工行业 2007 年生产原油 1914.28 万 t，天然气 13.33 亿 m³；生产纯碱 89.45 万 t，烧碱 109.46 万 t，PVC125.71 万 t，原盐 237.59 万 t。生物医药行业 2007 年完成总产值 68.6 亿元，增长 48.4%。优势产品包括工业酶制剂、抗生素、维生素、激素、植物提取物、诊断试剂等。新能源与新材料行业中风能和太阳能是滨海新区重要的新能源产业。2007 年完成大型风电机组装机 113 万 kW，占全国总量的 35%。

（3）第三产业。滨海新区第三产业中物流业增长较快，保税区以建设中国北方保税区国际物流中心为目标，充分发挥国际贸易、保税仓库和物流分拨功能，全年完成进出口区货物总值 330.73 亿美元，比上年增长 30.1%。

天津港吞吐量大幅增长，天津港以传统的装卸、仓储等为基点不断向代理、物流、交易、金融、保险和旅游等领域延伸，完善港口功能，对已建的内陆无水港进一步完善功能，货物吞吐量和集装箱吞吐量分别居全国第 4 位和第 6 位。

随着滨海新区对外开放步伐加快，来津从事经济活动、参观、旅游等宾客迅速增加。高端服务业如外包和科技研发企业发展快速。随着居民收入水平的提高和消费服务设施的完善，批发零售业也有较快增长。

3）碳源及能源消耗现状

（1）能源消耗总体现状。2007 年滨海新区一次能源消费总量为 2260.3 万 tce，从能源消费部门构成来看（表 5.2），工业、交通运输和邮政仓储等部门是滨海新区能源消费的主力，第二产业能源消费比重达到了 77.4%，其中工业部门比重就占到了 76.2%；第三产业消费比重为 18.7%，其中物流业的能源消费比重为 11.3%，在第三产业能源消费中占主体地位。生活能源消费与产业用能相比所占份额较低，仅占 3.65%。

表 5.2　2005～2007 年滨海新区部门能源消费现状　（单位：万 tce）

部门	2005 年	2006 年	2007 年
第一产业	4.7	4.4	4.5
第二产业	1429.6	1610.8	1750.4
其中：建筑业	16.2	18.6	28.4
工业	1413.4	1592.2	1722.0
第三产业	321.9	335.1	422.8

续表

部门	2005 年	2006 年	2007 年
其中：物流业	185.6	189.6	255.9
其他服务业	136.2	145.5	167.0
产业消费	1756.2	1950.3	2177.8
生活消费	63.6	70.3	82.5
能源消费总量	1819.3	2020.6	2260.3

从能效水平来看，2005～2007 年滨海新区万元 GDP 能耗水平处在全国中上游水平，但是通过与国内经济发展水平较高的几个城市对比，滨海新区的能耗水平差距较大（图 5.4）。2005 年北京、上海和深圳的万元 GDP 能耗分别为滨海新区的 71%、79% 和 53%。到 2007 年，差距虽有所减小，但是能耗水平接近的上海市仍有 13% 的差距，即便是人均 GDP 水平最低的青岛市，其万元 GDP 能耗也比滨海新区低 0.088tce。

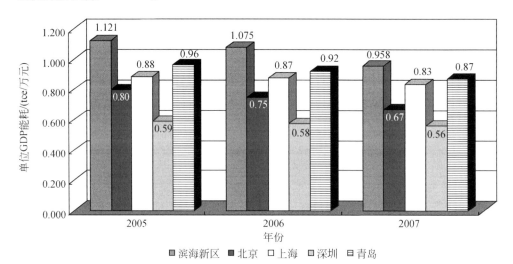

图 5.4　2005～2007 年滨海新区与国内主要城市能源效率对比

（2）工业能源消费。工业是滨海新区最主要的碳排放源。滨海新区 2004～2008 年工业部门一次能源消耗总量由 1778 万 tce 增加到 2633 万 tce，其中煤炭类能源（包括原煤、洗精煤、焦炭、焦炉煤气等 11 种）与石油类能源（包括原油、汽油、煤油、柴油等 8 种）的消耗量也均呈增长态势，但前者所占比例从 28% 增长到 47%，后者所占比例则从 70% 减少到 50% 左右，即石油类能源消耗量增长的同时比重却在减小（表5.3）。这说明，煤炭类能源消耗量增长得更为迅速，从而使滨海新区工业部门的能源结构体现出较为显著的高碳化特征。

表5.3 2004～2008年滨海新区工业部门一次能源消费量及能源结构

项目	计量单位	2004 年	2005 年	2006 年	2007 年	2008 年
能源消费总量	万 tce	1777.7	2191.4	2366.1	2860.1	2633.0
煤炭类能源	万 tce	505.6	790.0	870.0	1281.4	1228.9
所占比例	%	28.4%	36.1%	36.8%	44.8%	46.7%
石油类能源	万 tce	1236.5	1367.4	1438.5	1505.8	1311.7
所占比例	%	69.6%	62.4%	60.8%	52.7%	49.8%
天然气	万 tce	35.6	34.1	57.6	72.9	92.4
所占比例	%	2.0%	1.6%	2.4%	2.6%	3.5%

资料来源：滨海新区统计年鉴（2007年、2008年、2009年）；天津市统计局

与全国和天津市的能源结构相比，滨海新区化石能源（包括煤炭和石油）占一次能源消费的比例偏高，天然气的比例偏低，也反映出较为显著的高碳化特征（如图5.5和图5.6所示）。

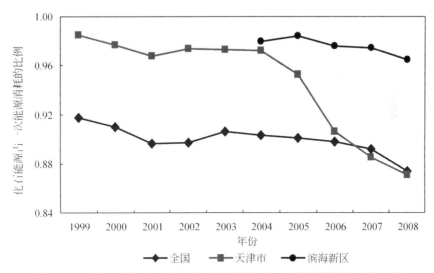

图5.5 全国、天津市、滨海新区化石能源占一次能源消耗总量的比例

根据工业内部的能源消费现状分析，滨海新区的工业碳排放的特点是行业能耗的集中度高，主要集中在石油和天然气开采业、石油加工炼焦及核燃料加工业、化学原料及化学品制造业、黑色金属冶炼及压延工业等支柱产业（表5.4）。

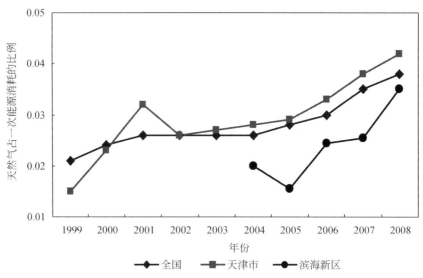

图 5.6　全国、天津市、滨海新区天然气占一次能源消耗总量的比例

2005 年，滨海新区六大支柱产业产值占规模以上工业总产值比例为 79%，能源消费比例达到了 80.5%。其中，石油和天然气开采业、石油加工炼焦及核燃料加工业、化学原料及化学品制造业、黑色金属冶炼及压延加工业四个高耗能行业能源消费比例就达到了 71.8%，化学和钢铁两个行业是能耗的绝对大户，分别达到了 26.3% 和 21.3%。进入"十一五"以来，工业内部的能源消费集中度进一步增加，2006 年重点耗能行业能源消费比例达到了 82.1%，2007 年更是达到了 83.3%。2007 年钢铁、石化等基础原材料行业产值只占规模以上工业总产值的 25%，而能耗却占到全部工业的 75.7%，这说明在未来新区仍将发展钢铁、石化等行业的情况下，优化产业结构与降低单位产品能耗将是工业碳减排的重要途径。

表 5.4　2005～2007 年滨海新区重点行业能源消费比例　　　（单位：%）

工业行业	2005 年	2006 年	2007 年
石油和天然气开采业	11.0	8.2	6.9
石油加工炼焦及核燃料加工业	13.2	20.8	17.8
化学原料及化学制品制造业	26.3	19.7	17.2
黑色金属冶炼及压延加工业	21.3	24.6	33.8
交通运输设备制造业	2.7	2.9	3.3
通信设备计算机及电子设备制造业	6.0	5.9	4.3
重点行业合计	80.5	82.1	83.3

（3）生活能源消费。自 2000 年以来，滨海新区生活能源消费量一直呈现出不断上升的趋势，自 2000 年的 30.43 万 tce 上升到 2007 年的 82.49 万 tce，年均增长幅度达到了 15.3%，略低于产业能源消费的增长速度 15.5%。

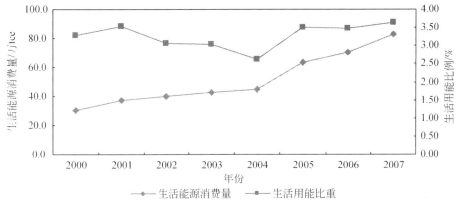

图 5.7　2000～2007 年滨海新区生活能源消费总量及比例变化趋势

由图 5.7 可见，从 2000 年开始滨海新区生活能源消费量持续增加，只是 2004 年之前增幅一直比较平缓，进入"十一五"后生活用能增长速度明显加快，但由于第二产业尤其是工业经济总量增长迅猛，所以 2007 年滨海新区生活能源消费占全部能源消费比重与 2000 年相比增长幅度较小。

4）CO$_2$ 排放现状

根据 IPCC 的估算公式及滨海新区能源消耗数据，估算出 2000 年到 2008 年滨海新区的碳排放量（表 5.5）。其中，评价基准年 2007 年滨海新区 CO$_2$ 排放总量约为 5978.69 万 t，单位 GDP CO$_2$ 排放强度约为 2.42 t/万元，第一、二、三产业 CO$_2$ 排放量分别为 12.45 万 t、5104.54 万 t、655.17 万 t，生活能源消费排放的 CO$_2$ 约为 206.53 万 t。其中工业部门碳排放量所占比例最大，约为滨海新区碳排放总量的 84%。

表 5.5　2007 年滨海新区分部门 CO$_2$ 排放量估算

部门	CO$_2$ 排放量/万 t	占 CO$_2$ 排放总量的比例/%
第一产业	12.45	0.2
第二产业	5104.54	85.4
其中：工业	5037.83	84.3
建筑业	66.70	1.1
第三产业	655.17	11.0
生活消费	206.53	3.5
合计	5978.69	100.0

对历史碳排放数据进行分析，滨海新区的 CO_2 排放总量增加较快，从 2000 年的 2794 万 t 上升到 6645 万 t，平均年增长率达到 15%（图 5.8）。由于滨海新区正处于开发开放过程中，流动人口的比重很大，故不宜使用人均碳排放来衡量滨海新区的碳排放水平。从万元 GDP 的 CO_2 排放强度来看，滨海新区的 CO_2 排放强度略高于全国平均水平，但是下降幅度很大，从 2000 年的 4.89t/万元下降为 2008 年的 1.98t/万元，年平均下降率 10.7%。

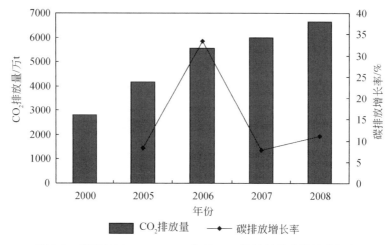

图 5.8　滨海新区 2000～2008 年的 CO_2 排放量及碳排放增长率

5.1.2.3　低碳发展的基础和 SWOT 分析

近年来，滨海新区为及早应对未来发展中的资源、环境制约，提高经济发展质量，通过发展环保产业、开发利用低碳能源、建立碳交易市场、探索低碳型产业园区和低碳社区建设路径等多方面措施，逐渐形成了多领域、多目标的低碳经济发展格局，为下一步发展构筑了坚实基础。

1）基础分析

（1）滨海新区推进低碳发展的产业基础较为雄厚。滨海新区汇聚了航空航天、生物医药、电子信息、新能源新材料等新兴产业，并形成一定规模，这些产业具有污染少、低碳排放的低碳产业特征。同时，滨海新区已经实施了天津经济技术开发区、北疆电厂等国家级循环经济试点，总结了泰达、北疆等循环经济发展模式，形成了石化、冶金、汽车、海水淡化等循环经济产业链。这些都为滨海新区的低碳发展奠定了良好的基础。

（2）低碳能源开发利用力度逐步加大。滨海新区高度重视低碳能源的技术开发和利用。以我国首座自主开发、设计、制造并建设的 IGCC（整体煤气化联合循环发电系统）示范工程项目——华能天津 IGCC 示范电站为标志，滨海新区在具有我国自主知识产权、代表世界清洁煤技术前沿水平的"绿色煤电"计划方面取得了实质性进展，开启了我国清洁煤发电技术的新纪元。以维斯塔斯、东气风电、阿尔斯通等项目为标志，滨海新区已成为国内最大的风电设备生产地区之一。以大神堂风电场、沙井子风电场等项目顺利推进为标志，滨海新区逐步加大了对风能的开发利用力度。此外，以水源热泵、地源热泵的大规模建设为标志，滨海新区在地热能源开发利用方面走在全国前列。

（3）产业园区正积极探索低碳化发展道路。目前，滨海新区各功能区正积极探索低碳化的发展道路。天津经济技术开发区经二十余年的建设，已达到较高的发展水平，并形成较为成熟的运行模式。为进一步提高经济发展质量，开发区将低碳化转型作为下一步工作重点。中新生态城在规划阶段就着力打造低碳名片，设置碳排放强度和绿色出行比例等低碳指标，以生态环保科技研发转化等产业为主导产业，制定了绿色建筑等相关标准，积极建立以低碳为特征即低碳型的产业和建筑、交通体系。于家堡金融区制定了"打造绿色生态区域"的发展目标，已被列为亚太经合组织（APEC）框架内的首个"低碳示范城镇"。

（4）排放权交易市场平台初步建立。2008 年 3 月 13 日，国务院下发《关于天津滨海新区综合配套改革试验总体方案的批复》，明确要求在滨海新区建立清洁发展机制和排放权交易市场。2008 年 9 月，天津市获财政部和环保部批准开展 SO_2 和 COD 等主要污染物排放权交易综合试点，包括建立健全主要污染物排放权一级和二级市场、逐步实现主要污染物排放权有偿使用和交易等，成为全国第一家综合性排放权交易机构。迄今，天津排放权交易所已经拥有天津、北京、河北、辽宁、陕西、广东等地的 36 家会员单位，并与约 10 家单位建立了战略合作关系，积极参与国家排放权交易综合试点方案设计、能源效率市场设计和国家有关温室气体相关研究。

2）SWOT 分析

本部分运用战略选择的 SWOT 方法，通过识别滨海新区低碳发展的优势、劣势以及目前面临的机遇与挑战（表 5.6），定位滨海新区低碳发展的战略目标，并通过与世界低碳发展先进地区的对比，为滨海新区低碳发展的关键指标和发展路径选择提供科学的指导和依据。

表 5.6　滨海新区低碳发展的 SWOT 分析

潜在优势（Strengths）	潜在劣势（Weaknesses）
S-1 政策优势 作为全国综合配套改革试验区，滨海新区要积极创新环境管理机制，降低资源环境代价，建设生态文明，努力成为深入贯彻落实科学发展观的排头兵。 S-2 战略优势 滨海新区已有的发展战略十分重视在经济和社会快速发展的过程中充分融入生态和环境因素，坚持走科技含量高、资源消耗低、环境污染少、人力资源优势得到充分发挥的新型工业化道路。 S-3 资源优势 滨海新区石油、天然气、地热、风能和太阳能等清洁能源相对丰富。 S-4 科技优势 滨海新区目前已经形成了多层次的科技创新体系和初具规模的科技人才创业基地。天津泰达低碳经济促进中心挂牌成立，"绿色煤电"计划取得实质性进展，地热、风电和太阳能利用技术也已高位起步。	W-1 能源结构不合理 滨海新区仍是以煤炭为主的能源消费结构。2009 年滨海新区可再生能源在一次能源的比重为 1% 左右。 W-2 产业结构待升级 第二产业能源消费比重达到了 78.6%，特别是重化工、高耗能产业比重过大。工业能源消费的特点是行业能耗的集中度高，主要集中在支柱产业。 W-3 低碳技术存在挑战 滨海新区未来低碳发展的重中之重是破解高耗能产业的高碳排放技术瓶颈。然而，从技术方面来看，我国还缺乏切实可行的绿色技术和绿色装备。 W-4 低碳发展制度不完善 滨海新区低碳发展的制度体系尚不完善，宏观政策环境也有待优化。
潜在机会（Opportunities）	潜在威胁（Threats）
O-1 全球应对气候变化的迫切需求。 气候变化是当今国际社会普遍关注的全球性问题，低碳经济正逐渐掀起一场涉及生产模式、生活方式、价值观念和国家权益的全球性革命。 O-2 中国政府既定的低碳发展战略。 中国政府积极营造良好的低碳经济发展外部环境和强有力的配套政策支持，明确将发展低碳经济纳入国民经济和社会发展规划当中。 O-3 国际低碳发展取得丰富成果 英国、日本、丹麦等国已经初步形成具有各自特征的发展模式并出台了相关的低碳城市发展规划。 O-4 低碳发展与深化节能减排一脉相承。 我国的节能减排与低碳发展战略核心都是提高碳基能源的利用效率、减少污染物和温室气体的排放总量。 O-5 国内城市积极打造低碳名片 北京、上海、天津、广州和保定等城市纷纷提出发展低碳城市、低碳工业园等发展理念，这可为滨海新区发展低碳提供参考。	T-1 政府缺乏低碳发展的实际经验 低碳经济作为一种全新的发展模式，目前尚处于探索和研究阶段。如何因地制宜的选择适合本地区的低碳发展模式并将该战略落实到具体的社会经济活动中，这是滨海新区政府即将面临的难题。 T-2 公众对低碳概念的认同感较差 低碳的概念不仅涉及能源和产业领域，更是与普通公众的交通出行、住房建筑和生活方式等密切相关。然而，目前普通公众对低碳社会概念的理解还存在偏差和误解。

进一步将 SO——优势与机会、WO——劣势与机会、ST——优势与威胁、WT—劣势与威胁等条件因素进行匹配，进行因素组合分析（表5.7），得出滨海新区低碳发展一系列可选择的对策如下：

（1）滨海新区应从战略层次明确提出具有地区特色的低碳发展思路，全力打造低碳新区。

（2）借助能源资源和科技优势，滨海新区应高度重视低碳技术的突破与创新，率先普及科技含量高的低碳化技术。

（3）顺应国家低碳战略，以节能减排为抓手，全面推进滨海新区的能源结构调整和产业结构优化。

（4）加强对外合作与交流，积极借鉴先进技术和管理经验。

（5）完善低碳发展制度，构建政府低碳发展考核机制。

表5.7　SWOT 分析逻辑框架

内部因素 外部因素	潜在优势（Strengths） S-1 政策优势 S-2 战略优势 S-3 资源优势 S-4 科技优势	潜在劣势（Weaknesses） W-1 能源结构 W-2 产业结构 W-3 低碳技术 W-4 发展制度
潜在机会（Opportunities） O-1 全球应对气候变化 O-2 国家低碳战略 O-3 国际低碳发展成果 O-4 节能减排双赢 O-5 国内城市低碳发展	（O1、O2：S1、S2）明确低碳发展战略 （O3、O5：S2、S3）加强对外合作交流，积极借鉴先进经验 （O4：S2）进一步强化节能减排措施，从源头进行低碳发展	（O2：W1、W2）顺应国家战略，积极优化能源结构，升级产业结构 （O3、O5：W3、W4）借鉴先进经验，创新低碳技术和低碳管理制度 （O4：W1、W2）以节能减排为抓手，推进能源结构和产业结构优化
潜在威胁（Threats） T-1 政府经验缺乏 T-2 公众认同感差	（S1、S2：T1）以科学政策与规划为指导，创新和提升政府低碳管理能力 （S2、S4：T2）加强舆论和科普宣传，强化民众的低碳认同	（T1：W4）创新和完善低碳发展制度，改革政府政绩考核机制 （T1：W1、W2）自上而下统一思想，强化能源结构和产业结构优化调整的决心

5.1.2.4　碳排放影响因素识别

采用 LMDI 法定量分析能源结构、能源效率、经济发展和人口规模因素对滨海新区碳排放的影响和贡献。结果显示，能源效率和能源结构属于碳排放的抑制因素（贡献值>0 为碳排放拉动因素，即碳排放量随该因素的增加而增加，反之为抑制因素），经济发展和人口规模属于拉动因素，其中经济发展对区域碳排放的增加产生的累积影响最为显著，2000～2008 年的累计贡献率达到 192%。而能源效率的抑制贡献也达到-83%，如图 5.9 所示。

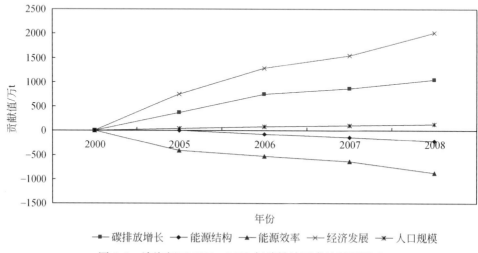

图 5.9 滨海新区 2000～2008 年碳排放因素的累积影响

从逐年分解的结果来看，人口规模对碳排放的拉动作用以及能源结构的抑制作用基本一直处于稳定状态，这说明近些年来滨海新区在能源结构调整、开发利用可再生能源方面的力度需要进一步加强。而能源效率的抑制作用则增加较快，有效地缓解了滨海新区碳排放总量快速增加的趋势（图 5.10）。

5.1.2.5 低碳发展阶段判定

1）碳排放水平分析

碳排放水平是衡量区域低碳发展阶段的首要因素，可以用碳排放总量、人均碳排放、单位 GDP 碳排放等因素来表征。鉴于我国提出的碳排放目标是基于单位 GDP 的 CO_2 排放量指标，因此本评价选取碳排放强度来分析滨海新区的碳排放水平。

2005～2008 年，滨海新区的万元 GDP CO_2 排放量由 3.14t/a 下降到 1.98t/a，高于当年的全国平均水平 1.95～1.73t/a（图 5.11）。这说明滨海新区经济发展的碳生产力较低，低碳发展水平有待进一步提高。但是这 4 年滨海新区的碳强度下降幅度很大，平均年下降率达到 14.2%，远高于同一时期全国平均 3.9% 的下

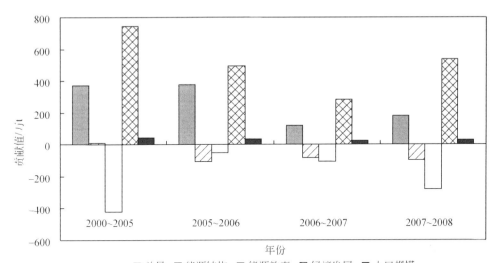

图 5.10　滨海新区 2000～2008 年碳排放因素的逐年分解

降率。通过产业结构调整和能源效率提高，滨海新区经济发展的低碳化转型效果明显，碳减排绩效优于全国水平。

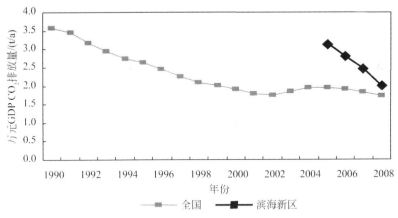

图 5.11　滨海新区的碳排放强度水平

2）自然资源禀赋分析

资源禀赋是指区域的自然资源和人力资源的产出能力，实质上也可以理解为区域的资源产出对本地区经济发展的支撑能力。由于滨海新区的流动人口量较大，因此用人均能源生产量的指标不能准确反映出滨海新区的资源禀赋特征为了方便表征滨海新区的资源禀赋水平对低碳发展的影响,本评价用一次能源生产量和地区生产总值的比值(定义为资源禀赋指数)来分析。滨海新区的资源禀赋水平如图5.12所示。

从能源种类来看,滨海新区的一次能源生产主要是原油和少量的天然气,没有原煤生产。并且滨海新区的资源禀赋指数一直远远低于全国的平均水平,2008年只有全国平均水平的37.9%(图5.12)。这说明滨海新区是在较低的资源禀赋条件下取得了较高的经济产出。

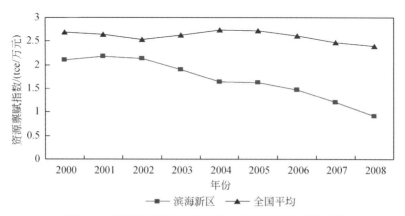

图5.12 滨海新区资源禀赋指数与全国平均水平的比较

3)经济发展阶段分析

经济发展的水平在很大程度上影响着能源消费强度与规模,被认为是影响碳排放的首要因素,因此也是判断区域低碳发展阶段的重要指标之一。本书基于不同经济学家对经济发展阶段的划分,综合讨论滨海新区当前所处的经济发展阶段。

(1)人均GDP指标。通过计算,2005年滨海新区人均GDP为12 090美元,远高于浦东新区8274美元的水平(表5.8);2007年人均GDP达到了14 234美元,比2005年增长了18%,按2000年美元价格计算,2005年滨海新区已达到后工业化初级水平。

表5.8 滨海新区与国内主要发达经济区域人均GDP指标对比 (单位:美元)

年份	滨海新区	天津	上海	浦东新区	深圳	苏州
2000	6 578	2 053	3 584	4 629	3 768	3 219
2005	12 090	3 794	5 679	8 274	6 800	6 305
2006	13 298	4 214	6 295	9 182		7 178
2007	14 234	4 681	7 040	9 815		8 215

（2）产业结构发展指标。自2000年开始，滨海新区第二产业比重不断上升，2005年出现下降。然而2005年后，第二次产业再次攀升，2007年已经达到了71.7%，尽管第一产业的比重已经下降到了10%以下，但进入"十一五"以来，滨海新区的第二产业发展速度明显高于第一产业和第三产业，并有加速发展的趋势。因此，根据工业化进程中产业结构变化规律，滨海新区已达到了工业化中期的初级阶段，工业部门正成为拉动地区经济增长的重要引擎。

（3）城市化水平指标。2005年，滨海新区的城市化率达到了76.2%，略高于德国的城市化水平，说明了滨海新区城市化水平发展很快，在人均GDP远低于日本、美国等西方发达国家的同时，城市化水平已经与之相当。但在国内进行横向对比来看，滨海新区仍然低于浦东新区92.1%的水平。从这一角度分析，与浦东新区相比，滨海新区城市化发展要滞后于工业化发展水平。

综上分析，由于滨海新区流动人数较多，因此用户籍人口衡量的人均GDP要略显偏高，因此，滨海新区人均GDP虽然已经达到了后工业化水平，但滨海新区现阶段经济结构偏重，经济发展比较依赖资本和资源密集型产业的投资带动，资源环境与经济发展耦合特征明显。根据各项指标综合判断，天津滨海新区总体上处于工业化中期的初级阶段。

4）产业技术水平分析

技术水平对碳排放的影响主要是通过提高能源效率和优化工业内部结构等途径，因此本评价选取万元GDP能耗指标和高耗能行业指标来分析滨海新区的产业技术水平。

（1）万元GDP能耗指标。总体来看，2005~2007年滨海新区万元GDP能耗水平处在全国中上游水平，但是通过与国内经济发展水平较高的几个城市对比，滨海新区的能耗水平差距较大。2005年北京、上海和深圳的万元GDP能耗分别为滨海新区的71%、79%和53%。到2007年，差距虽有所减小，但是能耗水平接近的上海市仍有13%的差距，即便是人均GDP水平最低的青岛市，其万元GDP能耗也比滨海新区低0.088tce。

通过与国际上主要国家和经济体进行对比，滨海新区能源效率差距体现得更加突出。2005年，滨海新区每千美元（2000年美元价格）的能源消耗是同时期日本的6.8倍，德国的4.1倍，美国的3.4倍，巴西的2.6倍。并且在发展中国家和地区中，仅仅低于印度和中低收入国家的能耗强度。研究显示，人均GDP水平与能源消耗强度成反比例关系，如图5.13所示。2005年滨海新区人均GDP达到11 894美元，韩国为13 240美元，两者水平较为接近，但是滨海新区的能耗强度却达到了韩国的2.2倍。这充分说明能源利用水平与经济发展水平不相适

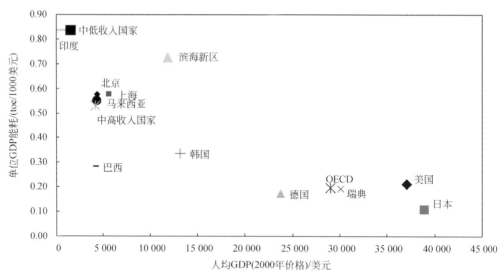

图 5.13   2005 年滨海新区与世界主要国家和经济体能源效率对比

应，能源利用效率亟待提高。

（2）高耗能行业分析（图 5.14）。2005 年滨海新区钢铁、石化、有色等基础原材料工业的占制造业比例为 26.5%，装备制造、生物医药等技术密集型行业的比例为 62.2%。2006 年，基础原材料行业比例下降到 25.3%，技术密集型行业上升到 64.5%，这一变化趋势符合发达国家工业化普遍规律。但到 2007 年，基础原材料行业比重却大幅增长了 4.1 个百分点，达到 29.4%，技术密集型行业比重反而下降 5.5 个百分点。并且根据最新统计资料显示，2008 年滨海新区钢铁行业工业产值增长率达到 42.4%，不仅高于工业平均增长率的 29.4%，并且远高于电子信息、交通运输设备等技术密集型行业的增长幅度，工业内部结构出现再度重化发展的趋势。对比分析上海浦东新区的工业内部结构变化历程，自 1993 年开始浦东新区基础原材料行业占制造业比重就不断下降，2007 年下降到 17.9%，远低于滨海新区 29.4%，技术密集型行业比重由 1993 年的 32% 上升到了 68.4%，高于滨海新区 59% 的水平。结合浦东新区 2000～2007 年霍夫曼系数变化趋势分析，浦东新区制造业内部结构优化升级的进程正循序渐进地进行，技术密集型行业已经取代资本密集型的传统重工业行业成为工业发展的支柱，工业化真正进入了后期阶段。

基于滨海新区与浦东新区的对比综合分析，2008 年滨海新区霍夫曼系数已经达到 0.197，根据霍夫曼对工业化阶段的划分标准，滨海新区工业化水平已处

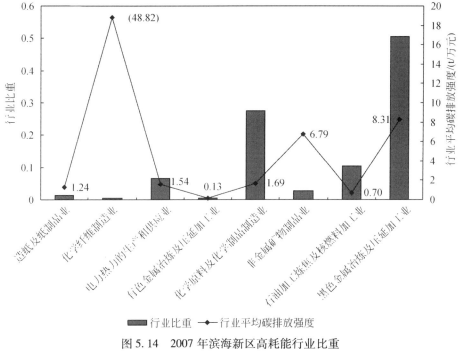

图 5.14　2007 年滨海新区高耗能行业比重

于后工业化阶段，但如果结合更具典型意义的制造业内部结构指标来看，滨海新区仍然处在以原材料工业为重心的重化工业化阶段向以重加工工业为重心的高度工业化阶段转变过程中。

5）雷达图分析

在对碳排放水平、资源禀赋、经济发展水平和产业技术水平分析的基础上，可以构造滨海新区低碳发展的雷达图（图 5.15），其中万元 GDP 碳排放强度 0.54t/万元，约为全国平均水平的 0.71 倍；人均 GDP 达到 10.82 万元，是全国水平的 4.92 倍；资源禀赋指数为 0.91tce/万元，略低于全国平均水平，而高耗能产业占滨海新区工业的比重为 27.2%，低于全国的 32.6%，因此，滨海新区属于典型的发达型低碳发展地区。

5.1.2.6　评价指标体系构建

基于规划分析的分析结果，滨海新区发展战略规划对低碳理念有着较好的融合，但是仍然缺乏定量衡量区域发展低碳化转型的指标和目标，因此本评价拟构造评价型指标和建议型指标。评价型指标用于表征滨海新区发展规划的低碳合理

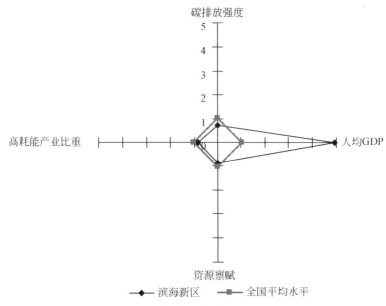

图 5.15 滨海新区低碳发展雷达图

性，用指标的方式反映评价对发展规划的认识和理解。建议型指标则作为评价建议的主要来源，用于完善滨海新区的发展规划对低碳发展目标的考虑。

1）评价型指标

评价型指标的实质是规划分析工作的进一步深入和定量化。在规划分析核查表的基础上，对战略规划可能涉及滨海新区低碳发展的指标进行判断，并将规划值与国内外先进水平进行对比分析，识别战略规划对低碳发展的促进程度，表5.9 为本书构建的滨海新区发展战略规划的评价型指标。

表 5.9　滨海新区发展战略规划的评价型指标

低碳因素	表征指标	战略规划描述			现状值 2007 年	先进水平参照	综合评价
		有无定性表述	有无定量指标	规划值			
碳排放	单位 GDP CO_2 排放量	无	无		2.48t/万元	1.84（全国水平）	–
经济发展	GDP 总量	有	有	15 000 亿元（2020 年）	2414.26 亿元		++

低碳因素	表征指标	战略规划描述			现状值 2007年	先进水平参照	综合评价
		有无定性表述	有无定量指标	规划值			
产业结构	第三产业比重	有	有	42.0%	32.4%	41.9（全国水平） 57.2（韩国）	++
能源结构	可再生能源比重	有	无		小于1%	7.3%（全国水平）	-
技术水平	单位GDP能耗	有	有		0.958tce/万元	0.56tce/万元（深圳）	+
	技术密集型产业比重	有	无		59.0%	68.4%（浦东新区）	
人口消费	常住人口数	有	有	550万	114.41		
	人均生活能耗	无	无		479kgce	203（全国水平） 626（北京）	-
碳汇	滨海地区森林覆盖率	有	有	≥10%			+
	城镇人均公共绿地面积	有	有	≥22m²/人	15m²/人		+
制度保障	有无规划、意向和制度安排等	有	无				+

注：-表示规划内容对低碳发展没有促进作用；+表示规划内容对低碳发展有促进作用

通过核查表分析和专家咨询，滨海新区发展的战略规划虽然没有明确提出碳排放目标，但是在产业结构优化调整、能源效率提高、碳汇建设以及保障制度等方面都做出了低碳化的发展规划，在一定程度上促进了经济发展的低碳化转型，属于较低碳的发展规划。

2）建议型指标

由发展阶段判定结果可知，滨海新区未来碳强度仍有较大的下降空间，也应成为全国低碳发展的示范区域。缺少化石能源储量的不利条件为区域改善能源结构提供了动力，促使区域大力发展风能、核能和太阳能等可再生能源。按照经济发展规律，随着经济发展的进一步提升，也要求政府部门积极推进产业升级。该区域未来低碳发展的重点应该进一步优化能源结构和产业结构，提高技术密集型产业的比重。因此，滨海新区低碳发展建议型指标（表5.10）主要考虑了碳排放的主要来源、影响碳排放的主要因素以及数据可得性，参照国际能源署2009年CO_2报告和国际上衡量低碳社会发展水平的各种可能指标，对滨海新区发展战略规划没有明确规定或尚未提及的内容进行补充完善。

表5.10 滨海新区低碳发展指标体系

目标层	准则层	指标层	单位	现状值（2009年）	目标值（2015年）
滨海新区低碳发展水平	碳排放	单位GDP CO_2 排放量	t/万元	2.42（2007年）	≤1.76
		人均生活 CO_2 排放	t/（人·a）	1.20	≤1.57
	产业	第三产业比重	%	32.4	40
	能源	单位GDP能耗	tce/万元	0.66	0.54
		天然气利用量	亿 m^3	7.94	39
		可再生能源比重	%	—	4
		可再生能源供热比例	%	4.5	15
		天然气供热比例	%	0.6	13.9
	建筑	新建建筑节能达标率	%	100	100
	交通	公共交通分担率	%	18	30
	碳汇	滨海地区森林覆盖率	%	—	>10
		城镇人均公共绿地面积	m^2/人	21	≥25

注：—表示暂缺相应数据

单位GDP CO_2 排放量指 CO_2 排放量与区域生产总值的比值。能源活动是温室气体的主要排放源，根据《天津市应对气候变化方案》，天津市化石燃料燃烧导致的 CO_2 排放量占 CO_2 排放总量的83.1%，且《天津市应对气候变化方案》只对化石燃料燃烧 CO_2 排放提出了明确的控制目标，故本规划中单位GDP CO_2 排放量也针对化石燃料燃烧产生的 CO_2 排放。

人均生活 CO_2 排放量指滨海新区人均生活能源消费造成的 CO_2 排放量。根据《天津统计年鉴2008》（以天津市平均水平计），2007年滨海新区人均生活能源消费为479.46kgce，人均生活 CO_2 排放量为1.20t，两项指标自2005年开始均逐年递增。据计算，人均生活能源消费水平提高是导致滨海新区人均生活 CO_2 排放量不断增长的主要因素。虽然自2005年起原煤占生活能源消费比重趋于降低，而石油制品比重有所提高，同时由于天然气消费比重不断下降以及发电、供热用煤比重较高等因素，滨海新区生活能源结构优化并不明显，每消费1tce能源的

CO_2 排放量基本稳定在 2.50t。城市居民生活水平决定和影响着对能源物质的需求，生活水平越高，居民对能源的依赖性越大，两者成正比例关系。随着滨海新区经济水平的持续提升，人均生活能源消费水平仍将不断增长。2005~2008 年，滨海新区人均生活能耗年均增长 3.5%，按此趋势发展，同时考虑能源结构优化因素，在 2007~2015 年，滨海新区人均生活 CO_2 排放量增长速度应不高于 3.5%，即 2015 人均生活 CO_2 排放量应控制在 1.57t/人以下。

第三产业比重指滨海新区第三产业增加值占当年 GDP 的比重。"十一五"期间，滨海新区服务业增加值由 2006 年的 582.21 亿元增加到 2009 年的 1233.37 亿元，年均增长 20.4%，在三次产业中的比重由 2006 年的 29.7% 增加到 2009 年的 32.4%。根据《天津市滨海新区国民经济和社会发展第十二个五年规划纲要（征求意见稿）》（2010 年 6 月版）、《天津滨海新区服务业发展"十二五"规划（2011—2015）》（滨海新区发改委、南开大学经济研究所 2010 年 7 月编制），设定 2015 年第三产业增加值占全区生产总值的比重指标值为 40%。

单位 GDP 能耗指能源消费总量与国内生产总值的比值。其中，能源消费总量即综合能源消费量（等价值），是按照标准单位计算的各种能源消费量总和。根据天津市统计局滨海新区分局核算，滨海新区 2009 年单位 GDP 能耗为 0.66 tce/万元，能耗强度低于天津市（0.836 tce/万元）和上海市（0.727 tce/万元）。《天津市 2010 年节能减排工作实施方案》（津政办发［2010］65 号文件转发）规定天津市 2010 年节能目标为：全市万元 GDP 能耗同比下降 4%，考虑到滨海新区 2010 年将有一系列重大项目投产或开工建设，预计滨海新区 2010 年节能效果将与全市总体水平基本一致，则 2010 年单位 GDP 能耗预计为 0.63 tce/万元。《天津市应对气候变化方案》确定单位 2015 年全市单位 GDP 能耗比 2010 年降低 15% 左右，课题组认为"十二五"期间滨海新区单位的 GDP 能耗仍可采用与全市一致的下降速率（2015 年比 2010 年降低 15%），据此将 2015 年滨海新区单位 GDP 能耗的目标确定为 0.54 tce/万元。

天然气利用量据天津市统计局滨海新区分局核算，2009 年滨海新区天然气用量为 7.94 亿 m^3。根据天津燃气集团公司及天津市"十二五"能源规划课题组的预测，2015 年天津市天然气用量约为 75 亿 m^3（含燃气发电需求），其中滨海新区天然气用量约为 39 亿 m^3。

可再生能源供热比例指可再生能源供热面积占总供热面积的比例，计算公式：可再生能源供热比例＝可再生能源供热面积/总供热面积×100%。其中可再生能源主要指地热能、太阳能等能源。

根据《天津市滨海新区供热发展"十二五"规划》（2010 年 7 月版），2010

年滨海新区可再生能源供热比例为 4.5%，到 2015 年提升至 15%（可再生能源供热面积增加至 1400 万 m^2）。

天然气供热比例指天然气供热面积占总供热面积的比例，计算公式：天然气供热比例＝天然气供热面积/总供热面积×100%。根据《天津市滨海新区供热发展"十二五"规划》（2010 年 7 月版），2010 年滨海新区燃气供热比例为 0.6%，2015 年则有明显提升，达到 13.9%（燃气供热面积增加至 1300 万 m^2）。

新建建筑节能达标率指新建建筑中，达到居住建筑三步节能标准（节能65%）、公共建筑二步节能标准（节能 50%）要求的建筑所占比例。计算公式：新建建筑节能达标率＝达标建筑面积/新建建筑总面积×100%。按照天津市建筑节能工作的统一要求，新建建筑在设计等阶段必须执行满足上述标准，因此新建建筑节能达标率目标值定为 100%。

公共交通出行比例指居民选择公共交通的出行量占总出行量的比例，计算公式：公共交通出行比例＝选择公共交通的出行量/总出行量×100%，其中公共交通主要指普通公交、快速公交和轨道交通。根据《滨海新区综合交通发展"十二五"规划》，目前滨海新区公共交通分担率（主要表示公共交通在能力上可分担的出行比例）为 18%，2015 年将达到 30% 以上，该目标较滨海新区现状值有明显提升，并与《天津生态市建设规划纲要》提出的 2015 年全市层面公共交通分担率≥30% 的目标相一致，接近北京市的现状值。

森林覆盖率指森林面积占土地总面积的比例，计算公式：森林覆盖率＝森林面积/土地总面积×100%。

《天津生态市建设规划纲要》提出，2015 年滨海地区森林覆盖率大于 10%，《天津滨海新区生态建设与环境保护规划（2007—2020 年）》确定，2020 年滨海新区森林覆盖率不低于 10%。综合考虑上述两规划以及滨海新区建设"宜居生态型"新城区的功能定位，确定 2015 年滨海新区森林覆盖率目标为大于 10%。

城镇人均公共绿地面积指城市非农业人口每人拥有的公共绿地面积，计算公式：城镇人均公共绿地面积＝城市公共绿地面积/城市非农业人口。至 2008 年年底，滨海新区人均公共绿地面积已超过 19m^2。《天津滨海新区生态建设与环境保护规划（2007—2020 年）》及《滨海新区基础设施和环境建设三年规划（2008—2010 年）》均确定，滨海新区 2010 年城镇人均公共绿地面积不低于 22m^2/人，从2008 年底到 2010 年底，滨海新区平均每年新增人均公共绿地面积 1m^2/人以上，2010 年人均公共绿地面积已明显超过《天津生态市建设规划纲要》提出的 2015年 11m^2/人的目标。"十二五"时期，考虑到滨海新区常住人口将有较大幅度的增加，初步确定滨海新区 2015 年城镇人均公共绿地面积目标为 25m^2/人，该指标已显著超过"国家生态园林城市"建成区人均公共绿地不低于 $12m^2$/人的要求,符合滨海新区建设"宜居生态型"新城区的功能定位。

5.1.2.7 预测分析

围绕评价指标体系制定的低碳发展目标,通过构建滨海新区未来不同的发展情景,预测战略规划以及 SEA 提出的碳排放目标的可达性。

1)基于不确定性的情景设计

情景设计主要参照《天津滨海新区国民经济和社会发展"十一五"规划纲要》、《天津市滨海新区城市总体规划(2009—2020 年)》、《天津滨海新区城市空间发展战略》、《天津滨海新区产业布局规划》、《天津市工业布局规划(2008—2020)》、《天津南港工业区分区规划(2009—2020)》、《天津滨海化工区总体规划》等已作出设定的部分(如 GDP、工业经济总量、产业结构、人口、重点工业产品规模等指标),对于规划未能具体明确的部分(如工业结构、服务业结构、产品链、节能等指标)以及不同规划对同一指标的设定出现不一致的情况,本报告依据跟踪分析滨海新区 2006~2008 年相关社会、经济发展数据及重大项目的最新进展,在合乎经济发展客观规律的前提下做出不同的情景预测。具体分为基准情景和高端情景下的能源消费及节能目标预测。

基准情景——滨海新区经济总量、人口快速增长,装备技术水平得以提升,能源利用效率有所提高,但产业结构未明显优化。钢铁、石化等资本、能源密集型的基础行业主导了工业规模快速扩张,2020 年新区已建设成为国家级的石化、现代冶金制造业基地。生物医药、航空航天及装备制造等行业虽然增长速度很快,但从其占工业经济比重来看,与"高技术的现代制造业基地"相比仍有较大距离。总体来看,滨海新区重化工业阶段发展周期较长,工业结构与环渤海其他地区相比相似度高,研发转化能力欠缺,制造业综合竞争力不突出。受益于重化工业的蓬勃发展,运输、仓储等生产性服务业发展速度较快,而金融、科技、法律等高端服务业发展不理想。并且,由于技术密集型工业及高端服务业发展的相对滞后,难以吸引市区及周边地区的高素质人才,新区无论是人均收入、受教育程度还是高端产品的消费能力均没有明显提升。

高端情景——高端情景的设计原则是在 2020 年的经济总量及年均增长速度与基准情景基本一致的前提下,更加强调产业、工业内部以及产品结构的优化。在工业领域采取更加严格的产业及节能政策,尽可能缩短其重化工业阶段的发展周期并提前进入技术集约化的发展阶段,以此实现能源效率的显著提升以及在可控条件下的能源消费规模增长。高端情景下,滨海新区将采取更加严格的节能、环保政策及门槛更高的项目能效准入制度。以注重质量、优化增长为原则发展钢铁、石化等能源密集型行业，在基准情景的基础上，控制能耗、污染较高的生铁、粗钢、乙烯等初级产品生产规模，提高化工新材料、高端板管产品的比重，加快装备制造、航空航天、生物医药等高新技术行业的发展速度。同时，在借鉴浦东新区、深圳特区以及美国、日本等工业化国家先进的发展经验的基础上，大力发展金融、科技、旅游等现代服务业，在全面优化第三产业结构的同时，使新区的就业人口素质、受教育程度及居民消费能力有更快的提升。

2）主要驱动力参数设计

（1）产业发展。基准情景：参照现有定量的规划目标值，在保证非主导行业发展符合经济发展客观规律的前提下，基于基准情景的设计原则对滨海新区产业发展指标进行相关设定，具体见表 5.11 ~ 表 5.13。

表 5.11　基准情景三次产业结构预测　　　　　（单位：%）

部门	2005 年	2015 年	2020 年
第一产业	0.5	0.2	0.1
第二产业	67.7	67.9	65.3
其中：建筑业	3.3	2.9	2.3
工业	64.4	65.0	63.0
第三产业	31.9	31.9	34.6
其中：物流业	7.7	12.0	12.0
其他服务业	24.1	19.9	22.6

表 5.12　基准情景三次产业增加值预测　　　　　（单位：亿元）

部门	2005 年	2015 年	2020 年
第一产业	7.28	15.0	20.0
第二产业	1098.86	5435.0	9795.0
其中：建筑业	53.00	235.0	345.0
工业	1045.00	5200.0	9450.0
第三产业	517.12	2550.0	5185.0
其中：物流业	125.16	960.0	1800.0
其他服务业	391.96	1590.0	3385.0
GDP	1623.26	8000.0	15 000.0

表 5.13　基准情景三次产业增长速度预测　　　　　（单位:%）

部门	2005~2010 年	2010~2015 年	2015~2020 年	2005~2020 年
第一产业	7.4	8.4	5.9	7.2
第二产业	20.7	14.1	12.7	15.7
其中:建筑业	24.7	8.0	8.0	13.3
工业	20.5	14.4	12.7	15.8
第三产业	17.9	16.6	15.3	16.6
其中:物流业	26.2	19.1	13.4	19.5
其他服务业	14.8	15.3	16.3	15.5
GDP	19.8	14.9	13.4	16.0

　　根据以上发展预测,"十一五"末期滨海新区将继续保持快速发展势头,其中第二产业的发展速度明显高于第三产业。受工业强劲增长的带动,为生产提供基础性服务的物流业增长速度要高于其他类型的服务业;"十二五"期间,服务业的发展速度开始超过工业,成为经济增长的主要拉动力量,但是在服务业内部,物流业作为滨海新区的主导产业,仍然保持较高的增长速度;进入"十三五",服务业增长进一步加快,与第二产业及工业发展速度差距逐渐拉大,金融、地产、旅游等高端服务业成为第三产业增长的主要推动力量。

　　高端情景:高端情景产业发展设计原则是滨海新区经济增长更加集约化,在保持经济快速增长的前提下,更重视经济发展的内在质量。在相同的规划时限里,第三产业及其内部的金融、地产、旅游等现代服务业增长速度要快于基准情景。总体而言,高端情景的产业结构更加优化,工业化进程推进速度快于基准情景,且城市化与工业化发展更加协调,具体见表 5.14~表 5.16。

表 5.14　高端情景三次产业结构预测　　　　　（单位:%）

部门	2005 年	2015 年	2020 年
第一产业	0.5	0.2	0.1
第二产业	67.7	64.2	58.9
其中:建筑业	3.3	2.8	2.2
工业	64.4	61.4	56.7
第三产业	31.9	35.6	41.0
其中:物流业	7.7	10.9	9.3
其他服务业	24.1	24.7	31.7

表 5.15　高端情景三次产业增加值预测　（单位：亿元）

部门	2005 年	2015 年	2020 年
第一产业	7.28	15.0	20.0
第二产业	1098.86	5075.0	8830.0
其中：建筑业	53.00	225.0	330.0
工业	1045.00	4850.0	8500.0
第三产业	517.12	2810.0	6150.0
其中：物流业	125.16	860.0	1400.0
其他服务业	391.96	1950.0	4750.0
GDP	1623.26	7900.0	15000.0

表 5.16　高端情景三次产业增长速度预测　（单位：%）

部门	2005~2010 年	2010~2015 年	2015~2020 年	2005~2020 年
第一产业	7.4	8.4	5.9	7.2
第二产业	21.1	13.6	11.2	14.9
其中：建筑业	24.7	8.4	8.0	13.0
工业	20.9	13.1	11.9	15.0
第三产业	16.9	19.2	17.0	17.9
其中：物流业	24.9	17.1	10.2	17.5
其他服务业	13.9	20.1	19.5	18.1
GDP	19.8	14.9	13.7	16.0

从以上产业发展预测可知，高端情景下，自 2010 年开始服务业内部金融、地产、旅游等服务产业的发展速度就已超越物流业，在三次产业中增长最快，成为滨海新区主要拉动力量。在进入"十三五"后，以知识和技术密集为特征的信息、研发、教育等高端服务业开始起步，进一步巩固了现代服务业高速发展的势头。在此期间，工业增长速度则持续下降，与第三产业的发展速度逐渐拉开距离。

（2）能源效率。基准情景：根据"规划"的约束性发展目标，2010 年滨海新区万元 GDP 能耗比 2005 年下降 20% 以上，但未提出第一产业、第三产业、建筑业等产业及其 2015 年和 2020 年远景的总体节能目标。参考规划文本对于资源节约利用的描述，滨海新区未来要减少单位产值能源消耗量，推广清洁能源技术，合理发展风能等可再生能源，最终形成清洁、高效的能源体系。

基于对第一产业、服务业、建筑业、物流业等产业的现状能效水平及节能潜力分析，确定基准情景下除工业外其他产业的万元 GDP 能耗，具体见表 5.17。

表 5.17　基准情景主要产业节能率预测　　　　　　（单位:%）

产业	2005~2010 年	2010~2015 年	2015~2020 年
第一产业	10	10	10
建筑业	20	15	10
第三产业	17	15	15
其中：物流业	35	20	10
其他服务业	23	20	10

在对基准情景工业万元总产值能耗预测的基础上，结合滨海新区历史工业增加值率变化趋势分析，计算出基准情景工业万元增加值能耗，最终得到基准情景滨海新区三次产业增加值能耗，具体见表 5.18。

表 5.18　基准情景三次产业万元增加值能耗预测　　　（单位：tce/万元）

项目	2005 年	2010 年	2015 年	2020 年
第一产业	0.652	0.587	0.528	0.475
第二产业	1.301	1.159	1.051	1.013
其中：建筑业	0.303	0.242	0.218	0.196
工业	1.352	1.191	1.065	1.022
第三产业	0.622	0.509	0.428	0.371
其中：物流业	1.483	0.977	0.782	0.703
其他服务业	0.348	0.269	0.215	0.194
产业增加值能耗	1.142	0.951	0.836	0.777

注：万元产业增加值能耗不包含生活能耗部分

高端情景：高端情景中第一产业、建筑业、其他服务业万元增加值能耗水平设定与基准情景一致。在此基础上，通过加强交通运输领域的节能力度及实施更加严格的机动车燃油消耗标准等节能政策来进一步降低服务业中物流业的万元增加值能耗，具体见表 5.19。

表 5.19　高端情景主要产业节能率预测　　　　　　（单位:%）

产业	2005~2010 年	2010~2015 年	2015~2020 年
第一产业	10	10	10
建筑业	20	15	10
第三产业	24	24	16
其中：物流业	40	20	10
其他服务业	23	20	10

在对高端情景工业万元总产值能耗预测的基础上，计算并得到高端情景滨海新区三次产业以及总体的产业增加值能耗，具体见表5.20。

表5.20　高端情景三次产业万元增加值能耗预测　　（单位：tce/万元）

项目	2005 年	2010 年	2015 年	2020 年
第一产业	0.652	0.587	0.528	0.475
第二产业	1.390	1.037	0.935	0.772
其中：建筑业	0.303	0.242	0.218	0.196
工业	1.446	1.060	0.946	0.778
第三产业	0.623	0.471	0.364	0.293
其中：物流业	1.483	0.876	0.701	0.631
其他服务业	0.348	0.269	0.215	0.194
产业增加值能耗	1.142	0.854	0.718	0.566

（3）人均能源消费。基准情景：人均生活能源消费量是衡量城市国民经济实力、居民收入水平及生活品质的重要指标。天津与北京地理上接近，同样具有冬季生活供暖的需求，生活能源消费结构相类似。

根据对北京和滨海新区人居生活能源消费及主要家庭耐用消费品普及率情况进行对比分析可知，滨海新区主要用能耐用品消费水平较北京要落后4~5年左右，居民人均收入及用能耐用品消费能力直接决定着人均生活能源消费水平。1997~2007年，北京人均生活用能年均增长6.2%，而在汽车开始快速进入家庭的2003~2007年期间，人均生活用能增长率达到了7.2%。因此，在基准情景下，以北京为参照系，假定"十一五"剩余时间内，滨海新区人均能源消费量增长延续目前的趋势；在2010~2020年期间，汽车等主要用能产品快速普及，且政府并未对私人汽车的发展采取任何相关的限制政策，参照北京1997~2007年间的增长率，滨海新区人均生活能源消费年均增长率将达到6.2%。

高端情景：高端情景第三产业及其内部的金融业、地产、旅游业的发展要明显快于基准情景。根据配第–克拉克定律，随着经济发展以及人均国民收入的提高，三次产业间的收入差异会促使劳动力首先从第一产业向第二产业转移，进而再向第三产业转移。高端情景服务业的高水平发展，就决定了其服务业劳动力就业比重较高，进而使得高端情景的人均收入水平、主要用能耐用品消费能力以及人均生活能源消费水平要高于基准情景，具体见表5.21。

表 5.21　滨海新区人均生活能源消费水平情景预测

项目		基准情景	高端情景
人均生活能源消费 kgce/（人·a）	2010 年	540	550
	2015 年	740	790
	2020 年	990	1100
年均增长率	2005～2010 年	3.5%	3.9%
	2010～2015 年	6.5%	7.5%
	2015～2020 年	6.0%	6.8%
	2010～2020 年	6.2%	7.2%

注：北京、滨海新区人均生活能源消费按常住人口计算

3）情景计算

根据基准情景及高端情景下滨海新区各部门能源需求量预测，测算滨海新区规划期间的碳排放量及排放强度。

若不考虑能源结构调整、低碳技术进步、生活方式变化对碳排放量的削减，则基准情境下，2015 年及 2020 年滨海新区基于能源消耗的碳排放总量分别将达到约 4200 万 t、8190 万 t；高端情境下，2015 年及 2020 年，滨海新区基于能源消耗的碳排放总量分别将达到约 430 万 t、5830 万 t。2020 年，基准情境及高端情境下，单位 GDP 碳排放强度分别为 0.55t/万元、0.39t/万元，单位 GDP 碳排放强度分别较现状下降 27.2% 及 48.2%（表 5.22）。基准情境下 2015 年的 CO_2 排放强度大于 1.76t/万元的评价指标值，而在经济快速发展的高端情景下可以实现既定的碳减排目标。

表 5.22　不考虑能源结构调整情况下碳排放总量及排放强度

情景	年份	碳排放量 /万 t	GDP /亿元	碳排放强度 /（t/万元）	CO_2 排放强度 /（t/万元）
基准情景	2015	4 200	8 000	0.53	1.94
	2020	8 190	15 000	0.55	2.02
高端情景	2015	3 430	7 900	0.43	1.58
	2020	5 830	15 000	0.39	1.43

《天津市能源发展"十一"五规划》提出了天津要进一步控制煤炭需求总量，以石油、天然气等较清洁的能源替代煤炭。根据产业规划，滨海新区石油化工行业将快速发展，石油在能源消耗总量中的比例将呈上升趋势。同等热量的原

| 159 |

油、天然气燃烧排放的碳是原煤的 50%、60%，因此能源结构的变化将很大程度上影响碳的排放量。《天津市能源发展"十一"五规划》同时提出要充分利用地热资源，采用先进的热泵技术对井回灌，实现地热资源梯级利用、循环开发，使地热资源得到科学、合理的利用；充分利用风力资源，开展风力发电；推进生活垃圾、秸秆等生物质能发电。《天津市资源综合利用"十一五"规划》提出在农村推广太阳能热水器；在城市楼宇和工业厂房推广建材化太阳能集热设备；在滨海新区建设 10 万 kW 风力发电场，利用太阳能、风能发电实现替代和少用电能。各项可能源结构调整、再生能源推广措施在"十二五"及其后仍将继续深入推行，能源结构的优化将使碳排放强度将进一步降低。优化后的终端能源消费结构见表 5.23。

表 5.23　各规划年主要燃料在总能耗中所占比例　　　　　（单位:%）

燃料类别	煤炭	焦炭	天然气	油品	热力	电力	其他
2015 年	25.6	12.6	6.5	14.5	2.1	32.3	6.4
2020 年	22.7	10.5	6.9	20.6	2.1	30.5	6.7

在考虑能源结构调整的情况下，滨海新区基准情景的 2015 年及 2020 年石化燃料燃烧产生的碳排放总量分别约为 3420 万 t、6850 万 t；高端情景下，分别约为 2950 万 t、5380 万 t。2020 年，基准情境及高端情境下，单位 GDP 碳排放强度分别为 0.46t/万元、0.36t/万元，单位 GDP 碳排放强度分别较现状下降 39.1% 及 52.2%，都基本达到了国家提出的碳减排战略目标（表 5.24）。两个情景的 2015 年 CO_2 排放强度也都顺利达标，充分论证了 SEA 提出的低碳发展目标的可达性，但是这种可达性需要建立在滨海新区未来注重能源结构调整、大力发展可再生能源的基础上。

表 5.24　能源结构调整的情况下碳排放总量及排放强度

情景	年份	碳排放总量 /万 t	GDP /亿元	碳排放强度 /（t/万元）	CO_2 排放强度 /（t/万元）
基准情景	2015	3 420	8 000	0.43	1.58
	2020	6 850	15 000	0.46	1.69
高端情景	2015	2 950	7 900	0.37	1.36
	2020	5 380	15 000	0.36	1.32

5.1.2.8　建议措施

升级产业结构，大力培育和扶持低碳型产业。以高端、高新、高质、低碳为产业选择导向，大力引进和发展知识和技术密集型的现代制造业，如电子信息、汽车制造、生物医药、民用航空等。综合运用专项资金、财政补贴、税费减免等多种政策手段，着力培育资源节约、环境友好型的环保产业，重点发展绿色煤电、可再生能源开发利用、新能源汽车等产业。加快新能源产业的规模化、品牌化、集群化发展，充分利用滨海新区资源优势，着力推进天然气、地热能、太阳能、风能、生物质能的开发利用，加强产品的本地化应用，实现促进产业良性发展与优化区内能源利用结构的双赢。

改善能源结构，加强可再生能源的开发利用。按"多种渠道供应、多种方式利用"思路，大力增加天然气用量。统筹国内外市场，在国家和大区域层面争取天然气配额。推进燃煤锅炉供热改为天然气供热工程。在滨海新区核心区和原塘沽区、汉沽区、大港区的主要居民聚居区逐步推进天然气锅炉替代原有燃煤供热锅炉工作。按"因地制宜、多能互补"思路，协同推进地热、太阳能、风能和生物质能的开发利用。注重高碳能源的清洁利用。对电厂继续加强热电联产，以华能天津 IGCC 示范电站的建设为契机，推广"绿色煤电"技术，加强煤炭资源梯级利用，初步建立全市清洁煤统一供销体制，适当控制煤炭使用总量。

加强滨海新区核心区与中心城区、滨海新区主要功能区之间的与轨道交通建设。实施公交优先战略，确立公交在城市交通的主导地位。保障和推广自行车、步行等慢行交通方式。加强各类交通方式的智能化管理和"无缝衔接"，推行公路甩挂运输，推进智能交通设施建设，建立实时、高效的运输综合管理系统，加强人、车、路之间的监控和调度；加强海港、空港和轻轨、铁路、公交、自行车、步行等各类交通方式间的"无缝衔接"，大力提高换乘的便捷性。

制定低碳战略规划，完善政策与制度体系。一是科学制定与低碳消费相关的战略规划。借鉴日本"低碳社会行动计划"和日本环境省发布的《绿色经济与社会变革》等政策，制定滨海新区低碳经济发展战略。二是加快低碳标准与评价考核体系建设。例如研究制定相关低碳产品标准，引入国际 ISO 14060 碳认证标准，强化绿色采购制度；开展低碳环评试点，出台低碳环评实施细则和指南；研究建立低碳经济发展评价指标体系和统计考核制度逐步建立温室气体报告和核查制度等。

加强碳汇建设，开展碳捕捉与封存技术研究。建立区域碳汇功能区划和碳汇数据库，增强碳汇能力建设。制定滨海新区碳汇功能区总体规划，分区域建设滨海新区碳汇功能区。碳捕集和封存（carbon capture and storage，CCS）虽然目前技术可行，但成本较高，需进行进一步研究以降低成本，滨海新区应尽早开展碳捕获和填埋技术的相关研究，为 CO_2 的捕集和埋存提供条件。建议有选择性的在规划南港工业区大型石化企业、电厂项目以及大港油田等石化、电力企业建设试点，开展碳捕集与封存研究与示范。

5.2 交通规划环境影响评价的气候变化适应性评价——以国家高速公路网为例

5.2.1 国家高速公路网规划概况介绍

5.2.1.1 规划概况

《国家高速公路网规划》于 2004 年经国务院审议通过，这是中国历史上第一个"终极"的高速公路骨架布局，同时也是中国公路网中最高层次的公路通道。

国家高速公路网采用放射线与纵横网格相结合布局方案，由 7 条首都放射线、9 条南北纵线和 18 条东西横线组成，简称为"7918"网，总规模约 8.5 万 km，其中主线 6.8 万 km，地区环线、联络线等其他路线约 1.7 万 km。

7 条首都放射线：北京—上海、北京—台北、北京—港澳、北京—昆明、北京—拉萨、北京—乌鲁木齐、北京—哈尔滨。9 条南北纵线：鹤岗—大连、沈阳—海口、长春—深圳、济南—广州、大庆—广州、二连浩特—广州、包头—茂名、兰州—海口、重庆—昆明。18 条东西横线：绥芬河—满洲里、珲春—乌兰浩特、丹东—锡林浩特、荣成—乌海、青岛—银川、青岛—兰州、连云港—霍尔果斯、南京—洛阳、上海—西安、上海—成都、上海—重庆、杭州—瑞丽、上海—昆明、福州—银川、泉州—南宁、厦门—成都、汕头—昆明、广州—昆明。

国家高速公路网规划总体上贯彻了"东部加密、中部成网、西部连通"的布局思路，建成后可以在全国范围内形成"首都连接省会、省会彼此相通、连接主要地市、服务全国城乡"的高速公路网络。国家高速公路网的作用和效果表现在：①充分体现了"以人为本"，最大限度地满足人的出行要求，创造出安全、舒适、便捷的交通条件，使用户直接感受到高速公路系统给生产、生活带来的便利；②重点突出了"服务经济"，强化高速公路对于国土开发、区域协调以及社会经济发展的促进作用，贯彻国家经济发展战略；③着力强调了"综合运输"，注重综合运输协调发展，规划路线将连接全国所有重要的交通枢纽城市，包括铁路枢纽 50 个、航空枢纽 67 个、水路枢纽 50 个和公路枢纽 140 多个，有利于各种运输方式优势互补，形成综合运输大通道和较为完善的集疏运系统；④全面服务于"可持续发展"，规划的实施将进一步促进国土资源的集约利用、环境保护和能源节约，有效支撑社会经济的可持续发展。

5.2.1.2 规划目标

据初步统计，截止到 2005 年，在规划的 8.5 万 km 国家高速公路网中，已建成 2.9 万 km、在建 1.6 万 km、待建 4 万 km，分别占总里程的 34%、19% 和 47%。待建里程中，东部地区 0.8 万 km、中部地区 1.1 万 km、西部地区 2.1 万 km，建设任务主要集中在中西部地区，特别是西部地区的建设任务还相当繁重。建成这个系统大约需要 30 年。按静态投资匡算，国家高速公路网未来建设所需资金约 2 万亿元，其中东部地区 3900 亿元、中部地区 5200 亿元、西部地区 10 900 亿元。在 2020 年前国家高速公路网将处于较快的建设阶段，预计 2010 年前，年均投资规模约 1400 亿元，2010～2020 年年均投资约 1000 亿元。

为适应社会经济发展的需要，国家高速公路网前 10 年建设目标是：到"十五"末，国家高速公路网建成 3.5 万 km，占总里程的 40% 以上。到 2007 年年底，建成 4.2 万 km，占总里程的近一半；全面建成"五纵七横"国道主干线系统。到 2010 年，建成 5 万～5.5 万 km，占总里程的 60% 左右。其中，东部地区约 1.8 万～2.0 万 km，中部地区约 1.6 万～1.7 万 km，西部地区约 1.6 万～1.8 万 km。到 2010 年，从国家高速公路网实现的效果上看，可以基本贯通"7918"当中的"五射两纵七横" 14 条路。五射是：北京—上海、北京—福州、北京—港澳、北京—昆明、北京—哈尔滨；两纵是：沈阳—海口、包头—茂名；七横是：青岛—银川、南京—洛阳、上海—西安、上海—重庆、上海—昆明、福州—银川、广州—昆明。到 2010 年，国家高速公路网总体上将实现"东网、中联、西通"的目标。东部地区基本形成高速公路网，长江三角洲、珠江三角洲、环渤海地区形成较完善的城际高速公路网络；中部地区实现承东启西、连南接北，东北与华北、东北地区内部的连接更加便捷；西部地区实现内引外联、通江达海，建成西部开发八条省际公路通道。2020 年前国家高速公路网将处于较快的建设阶段，2010 年前，年均投资规模约 1400 亿元，2010～2020 年年均投资约 1000 亿元；建成这个系统大约需要 30 年。

国家高速公路网后 20 年建设目标：完成全部国家高速公路网建设任务。

5.2.2 国家高速公路网规划环评中的气候变化适应性评价

5.2.2.1 战略规划分析

基于应对气候变化目标的 SEA 战略规划分析，其目的是识别拟议的战略规划对气候变化减缓和适应措施的融合程度，从而确定 SEA 的工作任务和评价目标。对相关发展战略规划的分析可知，国家高速公路网的发展战略主要包括：①支撑经济发展：提高运输能力和质量，促进工业化，推进城市化，加快信息化，服务现代化；②推动社会进步：优化运输布局和服务，强化国土均衡开发，促进区域协调发展，改善人民生活质量；③保障国家安全：增强运输可靠性和安全性，确保国家稳定，提高国防能力，维护经济安全，保障抢险救灾；④服务可持续发展：改善运输效率和效益，完善综合运输，集约利用土地，降低能源消耗，加强环境保护。同时，在对国家层次上交通发展规划和省市级交通规划进行协调性分析过程中，没有发现与国家高速公路网应对气候变化相关的战略规划文本。这可能是由于应对气候变化的理念在交通领域刚刚兴起，相关部门的应对气候变化的规划、政策及法规都还处于起步和编制阶段。从这个角度看，本次评价对国家高速网已有的发展战略规划进行气候变化因素融入性的考虑，提高战略规划的应对气候变化综合能力水平，符合国家公路网实现科学发展和可持续发展的要求，具有重要的指导意义。

本评价在参考《国家应对气候变化国家方案》、《十二五节能减排综合性工作方案》的基础上，主要采用核查表法、专家和部门咨询法以及头脑风暴法对战略规划内容进行逐一判断和分析，研究其应对气候变化的能力和水平。

5.2.2.2 现状调查与分析

1）气候变化影响显著性

在全球变暖的大背景下，中国近百年的气候也发生了明显变化。有关中国气候变化的主要观测事实包括五个方面：一是近百年来，中国年平均气温升高了 $0.5 \sim 0.8℃$，略高于同期全球增温平均值，近 50 年变暖尤其明显。从地域分布看，西北、华北和东北地区气候变暖明显，长江以南地区变暖趋势不显著；从季节分布看，冬季增温最明显。从 1986 年到 2005 年，中国连续出现了 20 个全国性暖冬。二是近百年来，中国年均降水量变化趋势不显著，但区域降水变化波动较大。中国年平均降水量在 20 世纪 50 年代以后开始逐渐减少，平均每 10 年减少 2.9mm，但 1991 ~ 2000 年略有增加。从地域分布看，华北大部分地区、西北东部和东北地区降水量明显减少，平均每10年减少20~40mm，其中华北地区最为明显；华南与西南地区降水明显增加，平均每10年增加20~60mm。三是近50年来，中国主要极端天气与气候事件的频率和强度出现了明显变化。华北和东北地区干旱趋重，长江中下游地区和东南地区洪涝加重。1990年以来，多数年份全国年降水量高于常年，出现南涝北旱的雨型，干旱和洪水灾害频繁发生。四是近50年来，中国沿海海平面年平均上升速率为2.5mm，略高于全球平均水平。五是中国山地冰川快速退缩，并有加速趋势。

中国未来的气候变暖趋势将进一步加剧。中国科学家的预测结果表明：一是与2000年相比，2020年中国年平均气温将升高1.3~2.1℃，2050年将升高2.3~3.3℃。全国温度升高的幅度由南向北递增，西北和东北地区温度上升明显。预测到2030年，西北地区气温可能上升1.9~2.3℃，西南可能上升1.6~2.0℃，青藏高原可能上升2.2~2.6℃。二是未来50年中国年平均降水量将呈增加趋势，预计到2020年，全国年平均降水量将增加2%~3%，到2050年可能增加5%~7%。其中东南沿海增幅最大。三是未来100年中国境内的极端天气与气候事件发生的频率可能性增大，将对经济社会发展和人们的生活产生很大影响。四是中国干旱区范围可能扩大、荒漠化可能性加重。五是中国沿海海平面仍将继续上升。六是青藏高原和天山冰川将加速退缩，一些小型冰川将消失（中华人民共和国国家发展和改革委员会，2007）。

气候变化对公路运输有着直接的影响。影响的途径主要包括高温、热浪、干旱、海平面上升、强降雨、暴雪、冰冻、强热带风暴、雷暴以及沙尘暴等。极端的天气导致洪水、滑坡、泥石流、雪崩等对高速公路的正常运行造成极大的影响，对交通运输的设备、地面设施造成不同程度的损坏。一个不争的事实是交通运输业正在面临着日益平凡的极端的天气的威胁，运输环境也变得越来越差，尤其是在人口稠密的地区。

（1）气候变化对高速公路运输的影响。我国大陆海岸线的长度为1.84万km，另外还有岛岸线1.4万多千米，海岸线总长超过3.2万km。沿海地区建有大量的高速公路和港口等交通运输设施，部门设施直接面临海平面上升带来的威胁。

在众多气候变化影响因素中，强降雨是最突出的一个。其特点就是范围广、时间长、损失大。1963年的海河流域暴雨洪水导致6700km公路被淹没，112座公路桥梁被冲毁。

极端天气极易产生大范围的暴雪。2008年初，历史罕见的低温雨雪冰冻灾害天气造成了南方部分地区交通运输全面瘫痪，最多时21条国道近4万km路段通行不畅，上万车辆和人员被困。

强热带风暴是气候变化严重影响交通运输的另外一个重要因素。我国南方地区每年都不同程度地受到强热带风暴的影响，造成交通拥堵甚至中断。

气候变化最显著的特点就是气温的升高，尤其是地表温度。高温天气影响驾驶员的正常驾驶，再加上酷热条件下车辆部件容易受损，因此极易引发交通事故。同时，高温天气给人们正常出行带来许多不利的影响。我国地域广阔，气候复杂，地形、地貌各异，几乎每年都会出现不同程度的高温天气，尤其是自2000年以来的10年。2009年，中国从南到北经历了不同程度的高温天气，6月份，北京气温39.6℃，突破了历史最高气温极值（39.5℃），河南郑州最高气温也一度攀升到40.8℃。8月份，南方大部地区出现高温天气，江南西部、江汉南部等地高温日数达7~9天，湖南北部、湖北部分地区、江西和浙江两省的部分地区最高气温达到37~38℃。

（2）气候变化对高速公路基础设施的影响。具体来说，气候变化对交通运输设施可能产生的影响主要表现在以下几个方面：

不断增加的高温天气。高温的天气对交通运输的影响主要是影响运输的设备和地面设施，例如，极端长期高温的天气会导致车辆过热和轮胎老化，导致道路路基变形和路面的过度热膨胀等。

海平面的上升。预计一百年后，全球范围内的海平面将从0.18m上升到0.59m。海平面的上升使得许多建在沿海地区的公路线运输受到影响，原有的运输计划被打乱，从而影响到交通运输体系的正常运作。除此以外，一些地下隧道和低洼处的基础设施会被海水侵蚀和破坏，进一步威胁到交通运输设备的安全运行。

干旱季节的增加。气候变暖打破了原有的地表平衡系统，导致部分地区干旱季节的增加。干旱季节的增加，使得野外火灾发生率增加，尤其是大面积的森林大火，直接威胁了交通基础设施的安全和交通运输设备的运行，甚至导致道路封闭。同时，长期的干旱可能打乱原有的交通运输体系。

强降雨的增加。由于气候变暖，全球大部分地区的强降雨事件变得更加频繁和持久。强降雨会影响到公路的正常运行，导致交通延误，甚至产生交通中断，一些地面设施和交通运输设备会受到极大的破坏。对于公路来说，暴雨天气会带来山体滑坡、泥石流等，造成公路的塌方。

热带风暴的增加。随着全球的气候变化，可能会有带着更高风速和更强降雨的热带风暴产生。热带风暴的增加使得公路运输更频繁的中断，使得大量的基础设施发生故障，对桥面稳定的威胁不断增加，尤其是对一些非禁区设施的损坏，例如终端、导航设备、周围边界、标志。大风吹倒公路边的树木，容易导致交通拥堵。

其他灾害性天气。降雪使铁轨湿滑，较大的降雪可造成交通中断，货运堵塞，客车受阻，致使旅客滞留。另外，各种车辆与路面之间的摩擦系数、空气的能见度和驾驶员的心理等也会随着天气条件的改变而明显变化。在道路交通中，大雪、路面结冰和冻雨会大大降低车辆与路面之间的摩擦系数，浓雾使得空气的能见度很低。这种条件下，驾驶员容易产生失误，车辆不能很好地控制，极易产生交通事故。

2）高速公路发展现状

交通运输是国民经济发展的基础性和先导性产业，是国民经济和社会发展的动脉。目前，在我国的综合运输体系中，公路运输的客运量和货运量占比例分别达90%以上和近80%（赵志刚，2009）。高速公路是经济发展的必然产物，在交通运输业中有着举足轻重的地位。在设计和建设上，高速公路采取限制出入、分向分车道行驶、汽车专用、全封闭、全立交等较高的技术标准和完善的基础设施，为汽车快速、安全、经济、舒适运行创造了条件。与普通公路相比，高速公路具有行车速度快、通行能力大、运输成本地、行车安全、舒适等优势，其行车速度比普通公路高出50%以上，通行能力提高了2~6倍，并可降低30%以上的燃油消耗、减少1/3的汽车尾气排放，降低1/3的交通事故率。

我国高速公路从起步到通车1万km，用了12年时间，从1万km到突破2万km，只用了3年时间；从2万km到突破3万km，只用了2年时间，从3万km到突破6万km也仅用了3年时间。回顾我国高速公路的发展历程，大致经历了三个阶段：1988~1992年为起步阶段，这期间高速公路通车里程每年在50~250km之间；1993~1997年是高速公路第一个发展高潮期，年通车里程保持在450~1400km之间；1998年至今为高速公路的大发展时期，在国家积极的财政政策推动下，这一阶段年通车里程基本保持在3000~5000km之间。至1998年底，全国高速公路通车总里程达到8733km，跃居世界第六位；至1999年10月突破了1万km，位居世界第四位，仅次于美国、加拿大和德国；2000年底达到1.6万km，居世界第三位；到2001年末达到1.9万km，跃居世界第二位，全国除西藏外，其他30个省（自治区、直辖市）均通了高速公路；至2002年10月已突破2万km；到2003、2004、2005年底分别达到2.98万km、3.42万km、4.1万km；截至2008年底，已达到6.03万km，继续保持世界第二，仅次于美国。

但是，我国在从高速公路大国向高速公路强国转变的过程中还存在一些问题。

首先，从高速公路密度看，目前我国高速公路密度远低于发达国家水平，每百平方公里只拥有0.47km高速公路，是荷兰的1/14、德国的1/8、意大利的1/6、日本的1/4、美国的1/2。

其次，我国高速公路仅覆盖了省会城市和城镇人口超过 50 万的大城市，在城镇人口超过 20 万的中等城市中，只有 60% 有高速公路连接。我国经济总量已经跻身世界前列，而高速公路的发展水平大大落后于世界发达国家，迫切需要继续加快发展。

最后，我国高速公路网络尚未形成，规模效益难以发挥。高速公路具有突出的网络化特征，当网络布局合理，连续运输距离达到 200~800km 左右，高速公路将形成显著的运输效益优势。目前，我国一些人口和经济总量已达到相当规模的地级城市与省会城市之间以及地级城市之间还不通高速公路，在相邻省份之间尚未形成高速公路的有效衔接，即使在我国经济最发达、人口最稠密的东部沿海地区，高速公路依然没有实现真正的网络化服务。在我国，规模适当、布局合理、横连东西、纵贯南北的高速公路网络尚未形成，高速公路的规模效益还无法得到充分发挥。

3）能源消耗及碳排放现状

交通运输部门是资源占用型和能源消耗性行业。目前。我国交通部门的能源量约占全社会总能源消耗量的 7.4%。

同时，据国际能源署（International Energy Agency，IEA）的数据显示，截止到 2008 年交通部门已经成为我国第三大碳排放源（占总排放量的 7.0%），仅次于能源部门（47.9%）和工业部门（33.2%）（图 5.16 与图 5.17）。

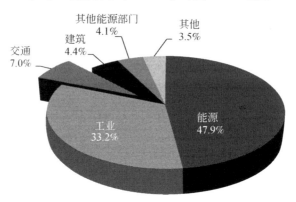

图 5.16　2008 年我国各部门碳排放比例

数据来源：IEA, 2010

另外，预计到 2020 年，全国公路客、货运量和周转量将分别达到 365 亿人、199 亿 t、25 000 亿人·km、15 000 亿 t·km，分别是 2003 年的 2.5 倍、3.3 倍、1.7 倍和 2.1 倍。2010 年，我国主要公路通道的平均交通量达到 30 000 辆/d，2020 年将达到 56 000 辆/d，分别是 2003 年的 2 倍和 3.7 倍。这就意味着，随着交通量的增长，能源消耗和碳排放量将不可避免地呈现上升趋势。

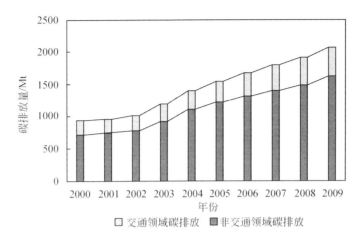

图 5.17　我国 2000～2009 年化石能源燃烧产生的碳排放总量及交通领域所占比例图
数据来源：World Resources Institute（WRI），2010；Carbon Dioxide Information Analysis Center（CDIAC），2010

5.2.2.3　应对气候变化的基础和 SWOT 分析

近些年来，国家越来越重视交通运输业发展中的资源能源集约节约、环境友好，提高交通发展的质量，通过发展绿色交通体系、综合运输体系、现代交通运输体系探索交通领域应对气候变化的方法和路径。我国的交通运输业已经逐渐从追求"量"的发展向以"质"的发展为主、"质""量"并重发展转变。

1）基础分析

（1）2007 年国家发改委组织编制的《中国应对气候变化国家方案》将交通领域的节能技术开发和推广作为应对气候变化的重点领域之一。同年修订的《中华人民共和国节约能源法》将交通运输部门作为三大重点节能减排部门（工业、建筑、交通）之一进行全方位的部署安排。在 2011 年的《"十二五"节能减排综合性工作方案》中，国务院要求进一步推进低碳交通运输体系建设的城市试点工作，深入开展"车船路港"千家企业地毯交通运输专项行动。2011 年《交通运输"十二五"发展规划》对如何构建绿色交通体系进行了全方位的阐述和措施安排。这些都为国家高速公路网实施气候变化减缓和适应措施奠定了良好的政策基础。

（2）2010 年 4 月起，交通运输部发起的低碳交通运输体研究正式启动，这将为交通领域应对气候变化提供良好的理论基础。2011 年交通运输部李盛霖部长在对《公路水路交通运输"十二五"规划》进行阐述时，说道："低碳交通运输就是要以一种高能效、低能耗、低污染、低排放的交通运输的发展方式，简单讲就是一高三低。核心也就是三句话：提高交通运输的用能效率，优化交通运输的用能结构，改善和进一步优化交通运输的组织和管理。"目前，低碳交通运输体系建设的城市试点工作已经在天津、重庆、厦门、广州、杭州、南昌、贵阳、保定、武汉和无锡十个城市进行。

（3）"十二五"期间交通运输业的重点任务就是加快构建"三大体系"，组织开展"两项专项行动"，着力推进"十大重点工程"。三大体系建设：节能型交通基础设施网络体系建设、节能环保型交通运输装备体系建设、节能高效运输组织体系建设。两项专项行动：节能减排科技专项行动、重点企业节能减排专项行动。十大重点工程：营运车船燃料消耗量准入与退出工程、节能与新能源车辆示范推广工程、甩挂运输节能减排推广工程、绿色驾驶与维修工程、只能交通节能减排工程、公路建设与运营节能减排技术推广工程、绿色港航建设工程、合同能源管理推广工程、船舶能效管理体系与数据库建设工程、节能减排监管能力建设工程。这些都将为交通领域应对气候变化提供良好的技术基础。

表 5.25　国家高速公路网应对气候变化的 SWOT 分析

优势（Strengths）	劣势（Weaknesses）
S-1 政策优势 　　《中国应对气候变化国家方案》、《中华人民共和国节约能源法》等将交通领域作为我国应对气候变化的重点领域之一。 S-2 战略优势 　　交通运输部 2011 年颁布的《交通运输"十二五"发展规划》、《公路水路交通运输"十二五"规划》等对如何构建绿色交通体系进行了全方位的阐述和措施安排，这将成为国家高速公路网实施气候变化减缓和适应措施的战略指导。 S-3 科技优势 　　2010 年 4 月起，交通运输部发起的低碳交通运输体研究正式启动；同时，"十二五"期间交通运输业的重点任务就是加快构建"三大体系"，组织开展"两项专项行动"，着力推进"十大重点工程"。	W-1 能源结构不合理 　　2008 年交通运输业石油消费量约占全国石油终端消费总量的 36%，其中公路运输在交通运输业中的比例分别约为 44%；石油基燃料在道路交通能耗结构中占主导地位，其中大多数是柴油（31%）和汽油（47%）。 W-2 低碳交通技术缺乏 　　走低碳交通之路是交通领域应对气候变化的必然选择，我国交通部也积极开展了低碳交通运输体系研究，然而，从技术方面来看，我国交通运输业还缺乏应对气候变化切实可行的技术和装备。 W-3 产业结构亟待升级 　　交通运输组织化、大型化、集约化程度较低，资源能源消耗严重；甩挂运输、综合运输、绿色运输等资源节约环境友好型运输模式尚未得到广泛的推广。 W-4 组织管理体系落后 　　组织管理尚未实现现代化和信息化，高速公路不停车收费系统、绿色汽车维修系统等智能化系统尚未得到广泛的应用和推广；组织管理体系尚不完善，宏观政策环境有待优化。

续表

机遇（Opportunities）	挑战（Threats）
O-1 全球应对气候变化的迫切要求 　　气候变化是当今国际社会普遍关注的全球性问题，应对气候变化在各个领域正逐渐掀起一场涉及生产模式、生活方式、价值观念和企业、国家权益的全球性革命。 O-2 交通领域的节能减排目标 　　"十二五"交通领域节能减排目标：与 2005 年相比，营运车辆单位运输周转量能耗下降 10%，其中营运客车、营运货车分别下降 6% 和 12%；与 2005 年相比，营运车辆单位运输周转量 CO_2 排放下降 11%，其中营运客车、营运货车分别下降 7% 和 13%。 O-3 国际气候变化减缓与适应经验丰富 　　联合国以及加拿大、英国、荷兰等国家已经初步形成了具有各自特征的气候变化减缓和适应模式，并出台了相关气候变化导则。 O-4 我国积极构建低碳交通运输体系 　　天津、重庆、厦门、广州、杭州、南昌、贵阳、保定、武汉和无锡十个城市已经进行了低碳交通运输体系建设的城市试点工作。	T-1 决策部门缺乏应对气候变化的实际经验 　　应对气候变化目前尚处于探索和研究阶段，如何在交通领域因地制宜的选择适合本地区的气候变化减缓和适应措施并将战略落实到具体实践中，这是交通运输决策部门即将面临的难题。 T-2 公众对气候变化减缓与适应的认同感较差 　　应对气候变化不仅涉及能源和产业领域，更是与普通公众的出行方式选择、驾驶方法和技术以及生活方式息息相关，然而，目前公众对应对气候变化的关注度和参与度普遍较低。

2）SWOT 分析

本部分运用战略选择的 SWOT 方法，通过识别国家高速公路网应对气候变化的优势、劣势以及目前的机遇和挑战（图 5.25），定位国家高速公路网应对气候变化的战略目标，并通过与世界先进国家和地区的对比，为国家高速公路网应对气候变化的关键指标和发展路径选择提供科学的指导和依据。

进一步 S-O（优势–机遇）、W-O（劣势–机遇）、S-T（优势–挑战）、W-T（劣势–挑战）进行因素组合分析，得出国家高速公路网应对气候变化一系列可选择的对策（表 5.26）：

（1）国家公路网规划应从战略层次明确提出具有道路交通特色的气候变化应对思路，全力推广气候变化减缓和适应措施；

（2）借助政策优势和科技优势，国家公路网规划应高度重视低碳交通技术、绿色交通技术的突破与创新，普及高技术含量的气候变化应对技术；

（3）顺应国家应对气候变化发展战略，以节能减排为抓手，全面推进交通领域的能源结构调整和产业结构优化；

（4）加强对外交流合作，积极借鉴先进技术和组织管理经验；

（5）完善气候变化应对机制，构建政府应对气候变化绩效考核机制。

表 5.26　SWOT 分析逻辑框架

内部因素 外部因素	优势（Strengths） S-1 政策优势 S-2 战略优势 S-3 科技优势	劣势（Weaknesses） W-1 能源结构不合理 W-2 低碳交通技术缺乏 W-3 产业结构亟待升级 W-4 组织管理体系落后
机遇 （Opportunities） O-1 全球应对气候变化的迫切要求； O-2 交通领域的节能减排目标； O-3 国际气候变化减缓与适应经验丰富； O-4 我国积极构建低碳交通运输体系。	（O-1、O-2：S-1）明确应对气候变化目标； （O-3：S-2、S-3）加强对外交流合作，积极借鉴先进经验； （O-4：S-2）：进一步强化交通领域节能减排，从源头上实现气候变化减缓与适应。	（O-2：W-1、W-3）顺应国家战略，积极优化交通领域用能结构，实现产业结构升级； （O-3、O-4：W-2、W-4）借鉴先进经验，创新气候变化减缓与适应技术和组织管理制度； （O-4：W-1、W-3）以节能减排为抓手，推进交通领域能源和产业结构优化。
挑战 （Threats） T-1 决策部门缺乏应对气候变化的实际经验； T-2 公众对气候变化减缓与适应的认同感较差。	（S-1、S-2：T-1）以科学政策和规划为指导，创新和提升政府应对气候变化的监管能力； （S-2、S-3：T-2）加强舆论引导和科普宣传，强化民众应对气候变化的意识和意愿。	（T-1：W-4）创新和完善气候变化应对机制，改革政府绩效考核机制； （T-1：W-1、W-3）自上而下统一思想，强化交通领域能源结构和产业机构优化调整的意志和决心。

5.2.2.4　气候变化影响因素识别

采用矩阵法和专家咨询法识别国家高速公路网发展战略对气候变化影响以及气候变化对国家高速公路网规划产生的影响，判别其相互影响程度及其是否为跨区域环境问题。根据国家高速公路网发展战略，将战略内容整理归类为功能定位、交通规模、空间布局、产业结构、基础设施建设、资源环境保护和其他七个方面；将发展战略作为环境影响识别矩阵中的行，将气候变化因素作为矩阵中的列，识别矩阵如表 5.27 所示。

5.2.2.5 评价指标体系构建

1）指标体系确立

根据调查分析与影响识别的结果，国家公路网规划对气候变化因素给予了适当的考虑，研究采用构建的气候变化适应性评价指标体系，对案例进行定量评估。

2）指标标准化

由于指标体系中各项评价指标类型复杂，且量纲不统一，彼此之间缺乏可比性。因此，在利用上述构建的指标体系时，必须对参评因子进行标准化处理，为了简便、明确且易于计算，首先要对它们的实际数值进行合理的等级划分，本研究中将其分为五级，然后根据各指标对规划区域气候变化影响的大小及相关关系对每个等级给定标准化分值，标准化分值设定在 $0 \sim 1$，具体详见表 5.28。

5.2.2.6 预测分析与评价

1）情景设置

情景的设置主要参照《国民经济和社会发展"十二五"规划》、《"十二五"节能减排综合性工作方案》、《可再生能源发展"十一五"规划》、《中国应对气候变化国家方案》、《公路水路交通运输节能减排"十二五"规划》、《交通运输"十二五"发展规划》、《资源节约型环境友好型公路水路交通发展政策》等已作出设定的部分（如碳减排目标、万元 GDP 能耗等指标），对于规划未能明确的部分（如交通量年均增长率、GHG 排放年变化率等指标）以及不同规划对同一指标的设定出现不一致的情况，本研究依据跟踪分析国家高速公路网 2005～2010 年相关发展数据及重大项目的最新进展，在合乎经济发展规律的前提下做出不同的情景预测。情景设置首先假设 2005～2020 年国家的社会经济及国家高速公路网发展状况，以及交通方面环境保护工作的多种可能情况，并对各种情境下我国高速公路交通情况进行定性描述，在情景描述的基础上对高速公路网的交通量、车辆能源消耗、车辆 GHG 排放等参数进行定量，进而根据这些参数对国家高速公路网规划应对气候变化的综合能力水平进行预测和评价。

表5.27 国家高速公路网发展战略气候变化影响识别矩阵

		GHG排放	能源利用	资源利用	出行方式	蓄碳力	气温上升	极端气候事件
	功能定位	±2	±2	±3	±3	±2		-2
交通规模	交通量增加	-3	-3				-1	-2
	建设用地增加			-3	+2	-1		-1
空间布局	7射9纵18横			-2	+2		+1	-2
产业结构	节能运输工具的使用	+3	+3		+2			
	可再生能源及清洁能源的使用	+3	+3				+1	
基础设施建设	道路建设			-2	+1			-2
	路基高度						+1	+2
	道路排水系统						+1	+2
资源环境保护	边坡绿地建设	+1		+1		+2	+1	+2
	生态廊道建设			+1				-1
其他	区域万元GDP能耗	±2	±3	±2	±2		±1r	
	区域人均绿地面积			±1		±2	±1	±2
	附近洪水水位线						±1r	±2
	年均气温变化				±1		-3r	-3r

注：表中"+"表示有利影响；"-"表示不利影响；"1"表示轻微影响；"2"表示中等影响；"3"表示重大影响；"r"表示跨区域影响。

表 5.28 各评价指标标准化取值

评价指标	指标标准化分级标准					依据
	[0.8,1.0]	[0.6,0.8]	[0.4,0.6]	[0.2,0.4]	[0,0.2]	
年交通量增长率 I_{11}/%	≤5	[5,8]	[8,12]	[12,15]	≥15	国内城市现状值①(中国统计年鉴2010)
万元GDP能耗 I_{12}/tce	≤0.1	[0.1,0.4]	[0.4,0.8]	[0.8,1.3]	≥1.3	国内省份现状值②(中国能源统计年鉴2009;岳超等,2010;CDIAC,2011)
交通能源消耗占社会总消耗比率 I_{13}/%	≥15	[12,15]	[8,12]	[5,8]	≤5	国家统计数据及先进国家现状值③(中国能源统计年鉴2009)
建成区绿地覆盖率 I_{14}/%	≥45	[42,45]	[38,42]	[35,38]	≤35	国内城市现状值(北京,大连,深圳)④(北京统计年鉴2009;大连统计年鉴2009;深圳统计年鉴2009)
交通GHG排放占总排放的比率 I_{21}/%	≥15	[12,15]	[8,12]	[5,8]	≤5	先进国家现状值外推③(CDIAC,2011;UNFCCC,2011;联合国开发计划署,2009;朱松丽,2010)
GHG排放年变化率 I_{22}/%	≤-10	[-10,-5]	[-5,0]	[0,10]	≥10	国家十二五规划⑤(CDIAC,2011;UNFCCC,2011)
每10年平均温度变化量 I_{31}/℃	≤0	[0,0.5]	[0.5,1.0]	[1.0,1.5]	≥1.5	我国近五十年温度统计数据⑥(干淑秋,2005)
GHG年均浓度 I_{32}/ppm	≤300	[300,330]	[330,360]	[360,400]	≥400	IPCC的预测,以1960年为标准值⑦(CDIAC,2011;UNFCCC,2011;IPCC,2007)
路基高度 I_{33}/m	≥5	[3.5,5.0]	[2,3.5]	[1,2]	≤1	沿海城市现状值(青岛,大连,上海)④(青岛统计年鉴2009;大连统计年鉴2009;上海统计年鉴2009)

续表

评价指标	指标标准化分级标准					依据
	[0.8,1.0]	[0.6,0.8]	[0.4,0.6]	[0.2,0.4]	[0,0.2]	
年均径流深 I_{34}/m	≤2	[2,4]	[4,7]	[7,9]	≥9	洪涝频发区现状值(长江)⑧(长江流域及西南诸河水资源公报,2009)
年均极端事件次数 I_{35}/万次	≤0.5	[0.5,2]	[2,5]	[5,10]	≥10	国家统计数据⑨(中国统计年鉴2010)
极端事件造成的年均路面毁坏面积比率 I_{41}/‰	≤0.1	[0.1,0.3]	[0.3,0.5]	[0.5,0.8]	≥0.8	先进国家现值外推⑩(USEPA,2011;CEAA,2011)
极端事件引起的年均交通事故比例 I_{42}/%	≤1	[1,3]	[3,6]	[6,10]	≥10	先进国家现值外推⑩(USEPA,2011;CEAA,2011)
极端事件引起的年均交通死亡比例 I_{43}/%	≤1	[1,3]	[3,6]	[6,10]	≥10	先进国家现值外推⑩(USEPA,2011;CEAA,2011)
极端事件引起的年均交通财政损失 I_{44}/亿元	≤20	[20,30]	[30,40]	[40,50]	≥50	国家统计数据⑨(中国统计年鉴2010)
极端事件引起的物种类数变化率 I_{45}/%	≤0.5	[0.5,1]	[1,2]	[2,2.5]	≥2.5	先进国家现值外推⑩(USEPA,2011;CEAA,2011)
可再生能源和清洁能源的车辆比率 I_{51}/%	≥40	[30,40]	[20,30]	[10,20]	≤10	国内城市现状值(天津、上海、广州)④(天津统计年鉴2009;上海统计年鉴2009;广州统计年鉴2009;可再生能源发展"十一五"规划2007)
可再生能源和清洁能源的年消耗量比率 I_{52}/%	≥40	[30,40]	[20,30]	[10,20]	≤10	国内城市现状值(天津、上海、广州)④(天津统计年鉴2009;上海统计年鉴2009;广州统计年鉴2009;可再生能源发展"十一五"规划2007)

续表

评价指标	指标标准化分级标准					依据
	[0.8,1.0]	[0.6,0.8]	[0.4,0.6]	[0.2,0.4]	[0,0.2]	
地处洪泛区的道路面积比率 I_{53}/%	≤5	[5,12]	[12,18]	[18,25]	≥25	沿海城市现状值(青岛,大连,上海)①(青岛统计年鉴 2009;大连统计年鉴 2009;上海统计年鉴 2009)
配备排水系统的道路比率 I_{54}/%	≥90	[80,90]	[70,80]	[60,70]	≤60	国内城市现状值(北京,广州,深圳)④(北京统计年鉴 2009;广州统计年鉴 2009;深圳统计年鉴 2009)
边坡绿化率 I_{55}/%	≥45	[42,45]	[38,42]	[35,38]	≤35	国内城市现状值(北京,大连,深圳)④(北京统计年鉴 2009;大连统计年鉴 2009;深圳统计年鉴 2009)

注:①以国内城市 2009 年平均现状值为最优值,最大现状值为最差值,从而进行标准化分级;②以 2009 年国内省份最高现状值为最优值,以国内各省份的平均现状值为最差值,从而进行标准化分级;③以欧盟 2009 年现状值为最优值,以我国 2009 年的平均现状值为最差值,从而进行标准化分级;④以3 个城市 2009 年最大现状值为最优值,国家平均现状值为最差值,从而进行标准化分级;⑤以国家"十二五"规划目标值为最优值,以我国 2009 年变化量为最差值,从而进行标准化分级;⑥以我国近 50 年来最小的 10 年变化量为最优值,最大的 10 年变化量为最差值,从而进行标准化分级;⑦以 1960 年全球平均现状值为最优值,以我国 2020 年的预测值为最差值,从而进行标准化分级;⑧以长江流域 2009 年径流深深的最小现状值为最优值,以最大现状值为最差值,从而进行标准化分级;⑨以我国 1999~2009 年间最低现状值为最优值,最大现状值为最差值,从而进行标准化分级;⑩以美国和加拿大在 1999~2009 年间的最小值平均值为最优值,最大平均值为最差值,从而进行标准化分级

本情景分析的目的是通过预测多个情景下国家高速公路规划可能的应对气候变化的水平，发现问题、总结经验和教训，为该规划及国家未来的公路交通、环境保护等各方面的政策和措施提出建议。为此，本研究设置了三个"国家交通发展情景"，基本思路是：考虑国家社会经济发展和交通领域环境保护工作发展的各种不利情况，即①经济高速发展，但交通领域环境保护工作维持现状；②受各种因素制约，经济发展放缓，交通领域环境保护工作也维持现状；③环境保护取得长足发展，但经济总量增速放缓。设置这些情景是为了预测不利情况下国家高速公路交通如何发展，以及应对气候变化的能力，向决策部门提供改善的政策和措施。

情景一：开放式发展。该情景描述了一个开放、合作、经济高速发展的国家和社会，但环境保护方面发展不足。在该情景下，我国各省市加强相互经贸合作，形成活跃的合作、协调机制，市场经济体制逐步完善，经济发展形势良好。因此，各种交通运输方式都有较大发展，立体的交通网络基本形成。尽管其他交通方式分担了部分公路客货运输，但公路的客货周转量仍将出现大幅提高。受经济杠杆和技术因素的推动，汽车的燃油经济性有所提高。然而，在该情景中，整个国家和社会体现了经济跨越式发展，但环境保护相对滞后，交通方面与资源节约和环境保护相关的政策和法规仍然相对缺乏。新登记的汽车按期达到国家的机动车排放标准，但机动车尾气监测和报废制度执行力不够，该情景下各种车辆的尾气排放因子将处于偏高状态。

情景二：放缓式发展。该情景描述了一个受各种因素制约、经济发展相对放缓的国家和社会，环境保护工作也发展不足。在该情景中，整个社会主要采取相对保守的经济政策，市场经济发展的环境存在一些制约因素，经济发展整体放缓。公路交通方面，新型机动车的数量增长缓慢，公路客货运输总量的增长速度相对较低。同时，该情景下我国交通领域有关环境保护和资源节约的政策和法规比较缺乏。燃油经济性和车辆能耗清洁化的水平较情景一偏低。新登记的车辆不会提前达到国家机动车排放标准，对机动车尾气检测和报废制度执行不力，该情景下各种机动车尾气排放因子与情景一相同。

情景三：环保式发展。该情景描述了一个侧重环境保护和资源节约、放缓经济发展速度的国家和社会。在该情景下，我国社会重点发展环保型高新技术产业，为了实现工业经济的集约化发展，大量削减高耗能、高污染产业，经济发展质量有所提高，但发展速度放慢。公路交通以外的其他交通运输方式发展较大，立体的交通网路基本形成，公路客货运周转量增速放缓。节约能源和环境保护的政策更加严格，"节能减排"意识深入人心。车辆燃油经济性大幅度提高；新登记的车辆提前达到国家机动车排放标准，严格执行机动车尾气检测和报废制度，该情景下各种机动车尾气排放因子最低。

2）评价方法

本案例研究采用综合评价方法对国家高速公路网规划应对气候变化的综合能力进行评价。综合评价方法是在对指标进行权重分配和标准化处理的基础上进行的。同时，本研究采用的是应对气候变化的综合能力水平指数 E 来表征该交通规划应对气候变化的能力水平状况，即

$$E = \sum_{i=1}^{n} W_i \times X_i \qquad （式5.1）$$

式中，E 表示该交通规划应对气候变化的综合能力水平；W_i 表示第 i 个指标权重；X_i 表示第 i 个指标的赋值结果；n 为指标个数。

E 取值为 $[0，1]$，值越大，说明该交通规划应对气候变化的综合能力水平越高。按照交通规划应对气候变化的综合能力水平指数从高到低排序，反映其优劣的变化，评价结果分为 5 个等级：$[0.8，1.0]$ 表示处于理想状态；$[0.6，0.8]$ 表示处于良好状态；$[0.4，0.6]$ 表示处于警戒状态；$[0.2，0.4]$ 表示处于较差状态；$[0，0.2]$ 表示处于恶劣状态。

3）参数设计

参照现有定量的相关规划目标值，在保证社会各主导行业发展符合经济发展客观规律的前提下，基于以上三个发展情景的设计原则，对国家高速公路网发展指标进行相关设定，并将指标值进行标准化处理，具体见表5.29。

4）评价结果

根据上述评价方法和参数设定方法，在设定的三种不同情景下，所得到的应对气候变化的综合能力水平指数结果如表5.30和图5.18所示。

结果表明，国家高速公路网规划2005年应对气候变化的综合能力水平指数 E 为0.41，处于 $[0.4，0.6]$，属于警戒状态，应对气候变化的综合能力较差，规划区域面临的气候变化压力也比较大。情景一，规划应对气候变化的综合能力水平普遍偏低，2005～2010年该指数呈微弱增长趋势，说明在经济高速增长的背景下维持现状的环境保护力度尚可起到一定应对气候变化的作用，但长期看来，重发展、轻环保的不可持续性会越来越明显，2020年的综合能力水平指数 E 降到了0.385，低于2005年的现状值，已经属于 $[0.2，0.4]$ 较差状态。情景二，在发展与环保并重、放慢发展并维持环保当前力度的情况下，规划应对气候变化的综合能力水平呈稳步增长趋势，但由于环保的力度并没有进一步加大，经济社会的放缓发展也在一定程度上影响了新能源技术的开发，因此，该指数虽有所持续上升，但始终处于 $[0.4，0.6]$ 警戒状态，没有实现质的突破。情景三，

表 5.29 各情景下指标预测值标准化

指标	情景一			情景二			情景三		
	2005 年	2010 年	2020 年	2005 年	2010 年	2020 年	2005 年	2010 年	2020 年
年交通量增长率 I_{11}/%	0.750	0.613	0.200	0.750	0.750	0.750	0.750	0.922	0.966
万元 GDP 能耗 I_{12}/tce	0.200	0.272	0.000	0.200	0.350	0.328	0.200	0.602	0.625
交通能源消耗占社会总消耗比率 I_{13}/%	0.400	0.400	0.800	0.400	0.400	0.600	0.400	0.492	0.592
建成区绿地覆盖率 I_{14}/%	0.450	0.410	0.200	0.450	0.450	0.743	0.450	0.671	0.800
交通 GHG 排放占总排放的比率 I_{21}/%	0.283	0.370	0.691	0.283	0.350	0.600	0.283	0.409	0.702
GHG 排放年变化率 I_{22}/%	0.620	0.710	0.260	0.620	0.640	0.790	0.620	0.787	0.954
每十年平均温度变化量 I_{31}/℃	0.420	0.620	0.530	0.420	0.640	0.640	0.420	0.620	0.800
GHG 年均浓度 I_{32}/ppm	0.300	0.275	0.110	0.300	0.285	0.200	0.300	0.300	0.327
路基高度 I_{33}/m	0.427	0.533	0.533	0.427	0.533	0.533	0.427	0.520	0.600
年均径流深 I_{34}/m	0.550	0.550	0.560	0.550	0.550	0.560	0.550	0.550	0.534
年均极端事件次数 I_{35}/万次	0.620	0.680	0.610	0.620	0.700	0.640	0.620	0.780	0.873
极端事件造成的年均路面路环面积比率 I_{41}/‰	0.400	0.350	0.200	0.400	0.400	0.290	0.400	0.500	0.350
极端事件引起的年均交通事故比例 I_{42}/%	0.530	0.470	0.350	0.530	0.530	0.470	0.530	0.600	0.470
极端事件引起的年均交通死亡数比例 I_{43}/%	0.700	0.600	0.530	0.700	0.700	0.570	0.700	0.750	0.600
极端事件引起的年均交通财政损失 I_{44}/亿元	0.490	0.700	0.200	0.490	0.770	0.550	0.490	0.800	0.700
极端事件引起的物种数变化率 I_{45}/%	0.570	0.500	0.300	0.570	0.570	0.450	0.570	0.550	0.500
可再生能源和清洁能源的车辆比率 I_{51}/%	0.160	0.200	0.208	0.160	0.180	0.248	0.160	0.379	0.532
可再生能源和清洁能源的年消耗量比率 I_{52}/%	0.160	0.200	0.208	0.160	0.180	0.248	0.160	0.379	0.532
地处洪泛区的道路面积比率 I_{53}/%	0.570	0.650	0.500	0.570	0.630	0.600	0.570	0.650	0.720
配备排水系统的道路比率 I_{54}/%	0.700	1.000	0.800	0.700	0.700	0.800	0.700	1.000	1.000
边坡绿化率 I_{55}/%	0.450	0.410	0.200	0.450	0.450	0.423	0.450	0.600	0.800

表 5.30　国家高速公路网规划应对气候变化综合能力水平评估结果

情景	情景一			情景二			情景三		
	2005 年	2010 年	2020 年	2005 年	2010 年	2020 年	2005 年	2010 年	2020 年
指数 E	0.4131	0.4419	0.3854	0.4131	0.4603	0.5232	0.4131	0.5845	0.6917

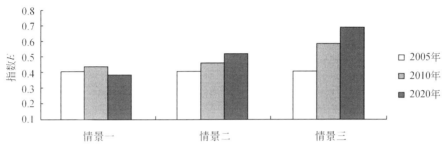

图 5.18　国家高速公路网规划应对气候变化综合能力水平评估结果

在经济发展放缓、侧重环境保护和资源节约的情况下，规划应对气候变化的综合能力水平实现了大幅度增长，2020 年的综合能力水平指数 E 达到了 0.692，处于 [0.6，0.8] 良好状态。

（1）情景一结果分析。

表 5.31　情景一各类型指标反映的应对气候变化能力水平

指标类型	情景一		
	2005 年	2010 年	2020 年
驱动力	0.4515	0.4270	0.3220
压力	0.3403	0.4278	0.6175
状态	0.4690	0.5164	0.4329
影响	0.5165	0.5307	0.2668
响应	0.3642	0.4158	0.3208

如表 5.31 和图 5.19 所示，经济高速发展，市场经济逐渐完善，各种交通运输方式都得到了广泛的推广和运用，公路客货周转量将大幅度增加；交通作为我国第三大能源消耗部门，随着经济社会的高速发展，交通领域的能源消耗占社会总消耗的比率会逐渐上升；同时，由于环保力度的相对落后，交通领域的资源节约与能源高效利用相对较弱。这些因素导致了情景一中驱动力指数大幅度降低，2020 年降到 0.3220，属于 [0.2，0.4] 较差状态。

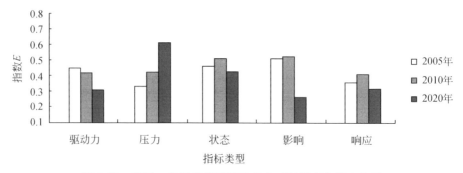

图 5.19　情景一各类型指标反映的应对气候变化能力水平

经济和社会的跨越式发展同时环境保护相对滞后，必然导致交通领域的温室气体排放拥有越来越大的年增长率；随着产业布局的完善和优化，交通作为国民经济的基础性和先导性产业，温室气体排放量占社会总排放量的比率将越来越大，从而一定程度上降低了工业、能源领域的温室气体排放比率，这一点与欧美发达国家的发展趋势一致。因此，该情景下压力指数逐步升高，2020 年达到了 0.6175，属于 [0.6，0.8] 良好状态。

当环境保护水平低于经济社会发展水平时，短期内当前的环保力度还可以维持一段时间，应对气候变化能力水平不会受到严重的影响，但长期看来，资源的不节约，能源利用的不高效，机动车排放监测和检测力度不足，必然导致当前状态和气候变化影响程度的恶化。状态和影响指数水平从 2005 年到 2010 年均在出现小幅度上升之后于 2020 年又跌落到比 2005 年更低的水平。

在经济社会高速发展的背景下，受经济杠杆和技术因素的推动，车辆的燃油经济性有所提高，可再生能源和清洁能源的利用比率将出现上升趋势。因此，响应指数水平在 2010 年出现了小幅度上升，从"较差状态"发展到"警戒状态"；但大规模的开发建设必然会占用大量的湿地、林地、耕地等，从而严重影响到区域的绿化水平，综合起来，响应指数水平于 2010 之后又出现了大幅度降低，再次跌落到"较差状态"。

（2）情景二结果分析。

表 5.32　情景二各类型指标反映的应对气候变化能力水平

指标类型	情景二		
	2005 年	2010 年	2020 年
驱动力	0.4515	0.4980	0.5650
压力	0.3403	0.3993	0.6323

指标类型	情景二		
	2005 年	2010 年	2020 年
状态	0.4690	0.5282	0.4794
影响	0.5165	0.5977	0.4538
响应	0.3642	0.3872	0.4131

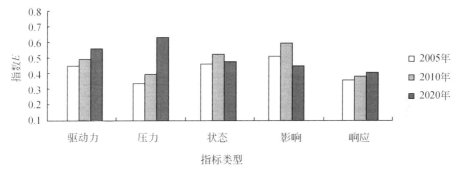

图 5.20　情景二各类型指标反映的应对气候变化能力水平

　　如表 5.32 和图 5.20 所示，在该情景下，相对保守的经济发展政策与环境保护工作反映在交通领域就是保守的公路运输量增长率，这是该情景下驱动力指数水平呈现稳步上升的主要原因。

　　受经济和技术的限制，燃油经济性和车辆能耗清洁化的车辆水平比情景一偏低。因此，该情景下交通领域温室气体排放量不会产生较大变化，同时经济发展的放缓发展使一些资源占用型、能源消耗型行业降低了发展速度，从而这些产业的温室气体排放量占社会总排放量的比率将出现降低趋势。因此，压力指数水平呈逐步上升趋势，于 2020 年达到了 0.6323，处于 [0.6，0.8] 良好状态。

　　经济发展速度与环境保护力度都处于低水平状态，表面上二者可以相互平衡，短期内一定程度的环境保护和资源节约可以减低或消除经济发展带来的负面影响，甚至出现当前状态转好的趋势，但是长期来看，放缓式发展也是发展，如果环境保护力度不随着经济的发展而有所增强，当前状态和气候变化影响程度出现退化是不可避免的。因此，该情景下的状态和影响指数水平在 2010 年出现一定幅度的上升之后，于 2020 年又出现了大幅度的下降。

　　该情景下，我国交通领域的环境保护和资源节约执行力度不足，同时受经济发展和技术因素的制约，可再生能源和清洁能源的车辆利用水平偏低；但由于没有大规模的开发建设，自然生态系统将得到相对较好的保护。因此，响应指数水平将出现上升趋势，但整体水平还较低。

（3）情景三结果分析。

表5.33　情景三各类型指标反映的应对气候变化能力水平

指标类型	情景三		
	2005 年	2010 年	2020 年
驱动力	0.4515	0.6703	0.7279
压力	0.3403	0.4735	0.7450
状态	0.4690	0.5588	0.6278
影响	0.5165	0.6270	0.5307
响应	0.3642	0.5420	0.6742

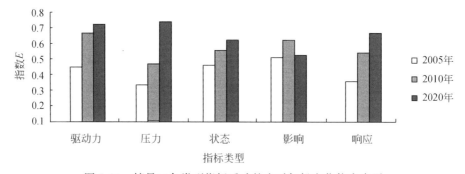

图5.21　情景三各类型指标反映的应对气候变化能力水平

如表5.33和图5.21所示，经济发展速度的放缓和侧重环境保护和资源节约，将促使我国社会重点发展环保型高新技术产业，实现行业的集约化发展，大力削减高耗能、高污染产业，提高了发展的质量，因此，万元GDP能耗将出现质的转变，资源能源消耗大户的工业、能源部门的能源消耗量将大幅度削减；同时，综合交通运输体系与绿色交通体系的开发和运用将实现交通运输的规模化、组织化，因此，年交通量增长率将出现降低的趋势。综合以上因素，该情景下的驱动力指数水平出现了显著的增长趋势，2010年就达到了"良好状态"，2020年更是增加到了0.7279，良好状态继续增强。

由于我国社会重点发展环保型高新技术产业，产业行业实现了集约化发展，走出了一条高能效、低能耗、低污染、低排放的绿色低碳道路，因此，温室气体排放的年增长率将出现下降趋势，短期内就会有成效，长期的效果将更加明显。

因此，压力指数水平在 2010 年出现了小幅度上升之后，在 2020 年又出现了大幅度的增长，达到 0.7450，处于良好状态。

侧重环境保护和资源节约的情景模式下，环保力度大于经济增长水平，节约能源和环境保护的政策更加严格，"节能减排"意识深入人心，车辆燃油经济性和清洁化水平逐步提高，车辆尾气排放完全符合国家标准，这些因素致使当前的状态和气候变化影响水平将得到稳步的改善。因此，该情景下，状态指数水平出现了稳步增长的趋势，从 [0.4, 0.6] 警戒状态上升到了 [0.6, 0.8] 良好状态；影响指数水平于 2005 ~ 2010 年出现了较大增长，但于 2020 年又出现了一定程度的降低，这是因为气候变化已经是个不争的事实，无论采取什么措施，总有一些气候变化影响是不可避免的，因此在采取减缓措施之外还应该采取有效的适应措施，以减少经济社会的损失。

绿色交通体系和低碳交通体系的发展实现了交通运输的绿色化和低碳化，车辆可再生能源和清洁能源的利用水平大幅度提升，同时环保型高新技术产业的发展并不会带来进一步的生态环境破坏，因此响应指数水平呈现稳步上升趋势，从 [0.4, 0.6] 警戒状态上升到了 [0.6, 0.8] 良好状态，2020 年达到了 0.6742。

总体上看来，情景三好于情景二，情景二好于情景一。如果按照情景三的模式发展，公路网规划将产生最小的气候变化影响，受到的气候变化压力也最小，但这样的发展模式伴随的是较缓慢的交通发展及经济总量的缓慢减少，因此，只有从中总结出可行的政策和措施，才能保证在交通快速发展、经济稳步发展的同时，有效的应对气候变化。

5.2.2.7 调整建议

加快调整交通结构，通过产业结构优化升级促进结构性节能减排。一是加快低碳型交通基础设施建设，科学规划，统筹协调，加强基础设施建设之间的衔接，充分发挥效率；二是加快推广应用低碳型交通运输装备，发挥公路运输节能减排优势，努力推进综合运输体系和低碳交通运输体系的发展；三是优化运输组织模式和操作方法，推动运力结构的调整，努力实现交通运输的规模化、集约化与交通工具的大型化、组织化，促进现代物流业的发展，推广绿色节能驾驶和维修技术。

以组织实施重点工程为抓手，推进节能减排专项行动和示范推广工程。一是发挥政府部门的推动和指导作用，充分调动企业作为节能减排主体的积极性，通过有效的技术、管理措施，着力在交通基础设施的建设、运营和运输装备中做到集约节约利用资源、保护生态环境；二是进一步深化"车、船、路、港"千家交通运输企业低碳交通专项行动，完善政府与企业的联动机制，是专项行动起到良好的示范效果；三是组织开展甩挂运输的试点工作，鼓励发展技术先进、经济安全、节能环保的运输装备和运输方式；四是总结京津冀和长江三角洲区域不停车收费系统应用示范工程经验，扩大不停车收费规模，并争取国家和地方有关部门的支持，将联网不停车收费纳入节能减排的国家政策。

提高科技创新与进步，加强应对气候变化技术研发及成果推广应用。一是将科技创新和技术进步作为应对气候变化、转变发展方式的中心环节，努力推进资源节约型、环境友好型交通运输科技项目的研发及其科技成果的转化应用；二是调动社会优势资源，推进产学研相结合，加强在交通运输应对气候变化新技术、新材料、新工艺等方面开展科技攻关，加快沥青路面再生利用等材料循环利用、公路隧道清洁照明技术等成果的推广应用；三是充分发挥现代信息技术以改造交通运输传统产业，大力推进联网在交通运输领域中的应用，加快建设和推广公众交通出行信息系统和物流公共信息平台，为出行者或用户、运输企业和行业管理部门提供良好的信息服务，引导公众科学合理出行，提高运输效率。

建立健全制度体系，推进节能减排统计监测考核体系和法规标准体系建设。一是加大实施道路运输车辆燃料消耗量限制标准和准入制度的力度，在国家已有的汽车"以旧换新"补贴政策中积极争取加大对重型载货车、大型营运客车以及各型公交客车的补贴力度，推动高耗油营运车辆退出运输市场；二是完善交通固定资产投资项目节能评估和应对气候变化能力评估制度，加大对评估项目节能减排和应对气候变化措施落实情况的检查力度；三是大力宣传我国交通运输节能减排的政策、措施、成果和贡献，营造良好的舆论氛围，逐步使节约能源、循环利用资源、保护环境、应对气候变化成为全行业的自觉行动。

参 考 文 献

白宏涛，刘佳，徐鹤，等.2012.中国战略环境评价中低碳评价指标体系拓展探讨.环境污染与防治，34（2）：92～95，111.

白宏涛，王会芝，游添茸，等.2012.以战略环境评价推进我国的低碳发展战略.生态经济，6：24～27，33.

白宏涛，徐鹤.2010.中国交通规划战略环境评价的若干问题探讨.环境污染与防治，32（2）：95～100.

白宏涛，朱祉熹，徐鹤，等.2010.我国公路网规划环境影响评价.长江流域资源与环境，19（5）：578～583.

北京市统计局，国家统计局北京调查总队.2010.北京统计年鉴2009.北京：中国统计出版社.

曹海霞，张复明.2010.低碳经济国内外研究进展.生产力研究，3：1～6.

长江水利委员会水资源局.2009.长江流域及西南诸河水资源公报.

常纪文.2009.二氧化碳的排放控制与《大气污染防治法》的修订.法学杂志，5：74～76.

车秀珍，尚金城，陈冲.2002.生态学理念在城市化进程战略环境评价中的应用.重庆环境科学，24（3）：71～73.

陈佳瑛，彭希哲，朱勤.2009.家庭模式对碳排放影响的宏观实证分析.中国人口科学，5：68～78.

陈文颖，高鹏飞，何建坤.2004.用 MARKAL-MACRO 模型研究碳减排对中国能源系统的影响.清华大学学报（自然科学版），44（3）：342～346.

陈晓春，张喜辉.2009.浅谈低碳经济下的消费引导.消费经济，25（2）：71～74.

程恩富，王朝科.2010.低碳经济的政治经济学逻辑分析.学术月刊，42（7）：62～65.

丑洁明，封国林，董文杰.2011.构建中国应对气候变化的低碳经济发展模式.气候变化研究进展，7（1）：48～52.

大连市统计局，国家统计局大连调查总队.2010.大连统计年鉴2009.北京：中国统计出版社.

邓朝生.2004.交通规划环境影响评价研究.长春：东北师范大学.

冯之浚，牛文元.2009.低碳经济与科学发展.战略与决策，8：13～19.

冯之浚，周荣，张倩.2009.低碳经济的若干思考.中国软科学，12：18～23.

弗雷德·辛格，丹尼斯·T.艾沃利，2008.全球变暖——毫无由来的恐慌.林文鹏译.上海：上海科学技术出版社.

付加锋，庄贵阳，高庆先.2010.低碳经济的概念辨识及评价指标体系构建.中国人口·资源与环境，20（8）：38～43.

高长波，陈新庚，韦朝海，等 .2006. 熵权模糊综合评价法在城市生态安全评价中的应用 . 应用生态学报，17（10）：1923～1927.

顾朝林，谭纵波，刘宛，等 .2009. 气候变化、碳排放与低碳城市规划研究进展 . 城市规划学刊，3：38～44.

广州市统计局，国家统计局广州调查总队 .2010. 广州统计年鉴 2009. 北京：中国统计出版社 .

国家环境保护总局监督管理司 .2000. 中国环境影响评价培训教材 . 北京：化学工业出版社 .

国家气候变化对策协调小组办公室，国家发展与改革委员会能源研究所 .2007. 中国温室气体清单研究 . 北京：中国环境科学出版社 .

国家统计局能源统计司 .2010. 中国能源统计年鉴 2009. 北京：中国统计出版社 .

何建坤，刘滨 .2004. 作为温室气体排放衡量指标的碳排放强度分析 . 清华大学学报（自然科学版），44（6）：740～743.

贺灿飞，梁进社 .2004. 中国区域经济差异的时空变化：市场化、全球化和城市化 . 管理世界，8：8～17.

胡鞍钢，管清友 .2008. 中国应对全球气候变化的四大可行性 . 清华大学学报，23（6）：120～158.

胡兆光 .2009. 中国特色的低碳经济、能源、电力之路初探 . 中国能源，31（11）：16～19.

胡振宇 .2009. 低碳经济的全球博弈和中国的政策演化 . 开放导报，5：16～19.

黄永忠 .2010. 气候变化视角下的我国城市发展战略初探 . 中国城市经济，5：25～27.

IPCC.2007. 气候变化第四次评估报告 .

汲奕君 .2008. 循环经济理论融入环境影响评价研究 . 天津：南开大学硕士学位论文 .

姜克隽，胡秀莲，刘强，等 .2009. 中国 2050 年低碳发展情景研究//2050 中国能源和碳排放研究课题组 .2050 中国能源和碳排放报告 . 北京：科学出版社，753～820.

姜克隽，胡秀莲，庄幸，等 .2009. 中国 2050 年低碳情景和低碳发展之路 . 中外能源，14（6）：1～6.

姜忠宇，张贵生，于洪，等 .2009. 某国家级高速公路特殊路基施工设计 . 低温建筑技术，2：90～92.

金菊良，程吉林，魏一鸣 .2006. 流域生态环境质量评价的熵模糊模式识别模型 . 四川大学学报（工程科学版），38（1）：5～9.

鞠凤波，李谭峰 .2006. 面向可持续发展的交通规划环境影响评价研究 . 交通运输工程与信息学报，4（1）：110～115.

李慧明，杨娜 .2010. 低碳经济及碳排放评价方法探究 . 学术交流，4：85～88.

李建建，马晓飞 .2009. 中国步入低碳经济时代——探索中国特色的低碳之路 . 广东社会科学，6：43～49.

李克平，王元丰 .2010. 气候变化对交通运输的影响及应对策略 . 节能与环保，4：23～25.

李珀松 .2010. 基于能源脱钩理论的城市发展规划战略环境评价研究 . 天津：南开大学硕士学

位论文.

李庆瑞, 钱晓东, 卢毅. 2009. 交通规划环境影响评价研究综述. 湖南交通科技, 35 (1): 145~148.

李顺龙. 2005. 森林碳汇经济问题研究. 沈阳: 东北林业大学硕士学位论文.

李艳梅, 张雷, 程晓凌. 2010. 中国碳排放变化的因素分解与减排途径分析. 资源科学, 32 (2): 218~222.

李燕, 龙炳清, 张礼清, 等. 2007. 规划环境影响评价中的循环经济评价研究. 环境保护科学, 33 (6): 119~121.

李智, 鞠美庭, 史聆聆, 等. 2004. 交通规划环境影响评价的指标体系探讨. 交通环保, 25 (6): 16~19.

联合国开发计划署. 2009. 中国人类发展报告 2009/10. 北京: 中国对外翻译出版社.

梁燕君. 2010. 我国发展低碳经济的政策选择. 调查研究, 7: 13~16.

林伯强, 蒋竺均. 2009. 中国二氧化碳的环境库兹涅茨曲线预测及影响因素分析. 管理世界, 4: 27~36.

林而达, 高庆先. 2007. 将适应气候变化纳入我国的战略环评. 绿叶, 12: 10~11.

刘红光, 刘卫东, 唐志鹏. 2010. 中国产业能源消费碳排放结构及其减排敏感性分析. 地理科学进展, 29 (6): 670~676.

刘首文, 冯尚友. 1995. 环境决策支持系统研究进展. 上海环境科学, 14 (4): 20~23.

刘燕华, 冯之浚. 2010. 走中国特色的低碳经济发展道路. 科学学与科学技术管理, 6: 5~6.

龙惟定, 张改景, 梁浩, 等. 2010. 低碳建筑的评价指标初探. 暖通空调, 40 (3): 6~11.

陆书玉, 栾胜基, 朱坦. 2001. 环境影响评价. 北京: 高等教育出版社.

陆晓召. 2010. 论可持续交通系统的构建: 基于气候变化和能源消费的角度分析. 当代经济, 5: 88~92.

吕科建, 马璐璐. 2006. 广义城市生态系统安全性的评价与分析——以河北省 11 个设区市为例. 工业技术经济, 25 (8): 57~62.

罗宏, 吕连宏. 2006. EDSS 及其在 EIA 中的应用. 环境科学研究, 19 (3): 139~145.

茅于轼, 盛洪, 赵农, 等. 2009. 中国经济市场化对能源供求和碳排放的影响//2050 中国能源与碳排放研究课题组. 2050 中国能源与碳排放报告. 北京: 科学出版社, 142~241.

孟庆堂, 鞠美庭, 李洪远. 2004. 城市公共交通规划环境影响评价的替代方案分析. 交通研究, 25 (3): 21~23.

潘家华, 郑燕. 2009. 基于人际公平的碳排放概念及其理论含义. 世界经济与政治, 10: 6~9.

彭近新. 2009. 人类从应对气候变化走向低碳经济. 环境科学与技术, 32 (12): 1~8.

彭希哲, 朱勤. 2010. 我国人口态势与消费模式对碳排放的影响分析. 人口研究, 34 (1): 48~58.

彭应登. 1999. 区域开发环境影响评价研究进展. 环境科学进展, 7 (4), 34~40.

祁悦, 谢高地. 2009. 碳排放空间分配及其对中国区域功能的影响. 资源科学, 31 (4):

590～597.

钱杰, 俞立中. 2003. 上海市化石燃料排放二氧化碳贡献量的研究. 上海环境科学, 22 (11): 836～839.

秦建春, 李文水. 2007. 关于规划环境影响评价的思考. 环境科学与管理, 32 (5): 189～190.

青岛市统计局, 国家统计局青岛调查总队. 2010. 青岛统计年鉴 2009. 北京: 中国统计出版社.

任力. 2009. 低碳经济与中国经济可持续发展. 社会科学家, 2: 47～50.

上海市统计局, 国家统计局上海调查总队. 2010. 上海统计年鉴 2009. 北京: 中国统计出版社.

邵超峰, 鞠美庭, 张裕芬, 等. 2008. 基于 DPSIR 模型的天津滨海新区生态环境安全评价研究. 安全与环境学报, 8 (5): 87～91.

深圳市统计局, 国家统计局深圳调查总队. 2010. 深圳统计年鉴 2009. 北京: 中国统计出版社.

宋涛, 郑挺国, 佟连军. 2007. 环境污染与经济增长之间关联性的理论分析和计量检验. 地理科学, 27 (2): 156～162.

孙建卫, 赵荣钦, 黄贤金, 等. 2010. 1995～2005 中国碳排放核算及其因素分解研究. 自然资源学报, 25 (8): 1284～1295.

孙猛. 2010. 中国能源消费碳排放变化的影响因素实证研究. 吉林: 吉林大学硕士学位论文.

唐弢. 2007. 面向环境友好型社会的规划环境影响评价研究. 天津: 南开大学硕士学位论文.

天津市统计局, 国家统计局天津调查总队. 2010. 天津统计年鉴 2009. 北京: 中国统计出版社.

田洪文, 孟雷. 2007. 公路路基设计高度的探讨. 铁道工程学报, 12: 53～56.

王定武. 1999. 关于中国钢产量 "饱和点" 问题的探讨. 中国冶金, 4: 1～14, 19.

王锋, 吴丽华, 杨超. 2010. 中国经济发展中碳排放增长的驱动因素研究. 经济研究, 2: 124～136.

王会芝. 2010. 中国战略环境评价实施进展及实施有效性研究. 天津: 南开大学硕士学位论文.

王金南. 1991. 国家环境质量决策支持系统的研制和开发. 环境科学研究, 4 (6): 25～28.

王磊, 张晓峰, 王洁. 2008. 规划环境影响评价在公路网规划中的应用. 公路, 3: 118～122.

王庆一. 2010. 2010 能源数据报告. 能源基金会.

王伟林, 黄贤金. 2008. 区域碳排放强度变化的因素分解模型及实证分析——以江苏省为例. 生态经济, 12: 32～35.

王文军. 2009. 低碳经济发展的技术经济范式与路径思考. 云南社会科学, 4: 114～117.

魏一鸣, 刘兰翠, 范英, 等. 2008. 中国能源报告 (2008): 碳排放研究. 北京: 科学出版社.

温宗国. 2008. 低碳发展措施对国家可持续性的情景分析: 低碳经济论. 北京: 中国环境科学出版社.

吴滨. 2010. 工业碳排放及能源消耗研究. 南京工业大学学报 (社会科学版), 1: 25～29.

吴昌华. 2009-08-28. 第四届绿色财富 (中国) 论坛. 中国环境报.

吴静. 2006. 规划环境影响评价在生态城市建设中的应用. 天津: 南开大学硕士学位论文.

吴垠. 2009-11-03. 低碳经济发展模式下的新兴产业革命. 经济参考报.

徐国泉, 刘则渊, 姜照华. 2006. 中国碳排放的因素分解模型及实证分析: 1995~2004. 中国人口·资源与环境, 16 (6): 158~161.

徐鹤, 白宏涛, 王会芝, 等. 2012. 规划环境影响评价技术方法研究. 北京: 科学出版社.

徐鹤, 戴树桂, 朱坦. 2001. 战略环境评价和可持续发展. 城市环境与城市生态, 14 (2): 36~38.

徐建华, 鲁凤, 苏方林, 等. 2005. 中国区域经济差异的时空尺度分析. 地理研究, 24 (1): 57~68.

徐匡迪. 2010. 转变发展方式建设低碳经济. 上海大学学报 (社会科学版), 17 (4): 5~16.

徐宪立, 耿红, 张科利, 等. 2003. 西部地区高速公路发展规划生态环境影响评价——指标体系构建及评价发展探讨. 公路交通科技, 23 (7): 154~157.

许广月, 宋德勇. 2010. 中国碳排放环境库兹涅茨曲线的实证研究——基于省域面板数据. 中国工业经济, 5: 37~47.

许野. 2006. 城市交通规划环境影响评价的替代方案研究——以长春市为例. 长春: 东北师范大学硕士学位论文.

薛若晗. 2007. 战略环境评价研究进展和方法探讨. 环境科学导刊, 4: 33~35.

颜利, 王金坑, 黄浩. 2008. 基于 PSR 框架模型的东溪流域生态系统健康评价. 资源科学, 30 (1): 107~112.

杨笛. 2009. 借鉴国外经验推动我国气候变化立法. 时代金融, 9: 80~83.

杨瑾. 2002. 城市可持续发展的交通战略环境影响评价. 交通环保, 23 (5): 40~42.

杨明. 2008. 近 50 年中国气候变化特征研究. 南京: 南京信息工程大学硕士学位论文.

叶正波. 2002. 基于三维一体的区域可持续发展指标体系构建理论. 环境保护科学, 28 (1): 35~37.

尹云鹤, 吴绍洪, 陈刚. 2009. 1961~2006 年我国气候变化趋势与突变的区域差异. 自然资源学报, 24 (12): 2147~2157.

于荣, 朱喜安. 2009. 我国经济增长的碳排放约束机制探微. 统计与决策, 13: 99~101.

于世金. 2005. 城市住区环境生态性评价指标体系设计. 华中师范大学学报 (自然科学版), 39 (3): 399~402.

于淑秋. 2005. 近 50 年我国日平均气温的气候变化. 应用气象学报, 16 (6): 787~793.

余冠明, 毛文锋. 2006. 战略环境评价的主动性与整体性分析. 环境科学与技术, 29 (5): 59~61.

岳超, 胡雪洋, 贺灿飞, 等. 2010. 1995~2007 年我国省区碳排放及碳强度的分析——碳排放与社会发展Ⅲ. 北京大学学报 (自然科学版), 46 (4): 510~516.

岳超, 王少鹏, 朱江玲, 等. 2010. 2050 年中国碳排放量的情景预测. 北京大学学报 (自然科学版), 46 (4): 517~524.

曾忠禄, 张冬梅. 2005. 不确定环境下解读未来的方法: 情景分析法. 情报杂志, 24 (5):

14 ~ 16.

张珂 . 1997. 我国高速公路路基填土高度控制的主要因素 . 河南交通科技，3：44 ~ 45.

张坤 . 2007. 森林碳汇计量和核查方法研究 . 北京：北京林业大学 .

张坤民，潘家华，崔大鹏 . 2008. 低碳经济论 . 北京：中国环境科学出版社 .

张妍，尚金城 . 2003. 战略环境评价的计算机模拟研究 . 计算机仿真，2：60 ~ 64.

张云霞，王铁宇 . 2003. 全球气候变化对我国自然资源的影响 . 河南气象，4：20 ~ 22.

张志强，曲建升，曾静静 . 2008. 温室气体排放评价指标及其定量分析 . 地理学报，63（7）：
    693 ~ 702.

张梓太 . 2010. 中国气候变化应对法框架体系初探 . 南京大学学报，5：37 ~ 43.

赵黛青，廖翠萍 . 2008. 气候变化对我国能源可持续发展的影响 . 科学对社会的影响，1：
    24 ~ 27.

赵宏图 . 2010. 气候变化"怀疑论"分析及启示 . 现代国际关系，4：56 ~ 63.

赵建军 . 2009. 低碳经济视域下的生态文化建设 . 林业经济，11：75 ~ 77.

赵欣，龙如银 . 2010. 江苏省碳排放现状及因素分解实证分析 . 中国人口·资源与环境，20
    （7）：25 ~ 30.

赵志刚 . 2009. 高速公路发展现状及前景分析 . 交通标准化，8：71 ~ 72.

郑国光 . 2010. 对哥本哈根气候变化大会之后我国应对气候变化新形势和新任务的思考 . 气候
    变化研究进展，6（2）：79 ~ 82.

郑建华 . 1994. 农业生态经济决策支持系统 . 重庆：西南师范大学出版社 .

政府间气候变化专门委员会 . 2008. 气候变化 2007：综合报告 . 瑞典：TERI 出版社 .

中国城市科学研究会 . 2009. 中国低碳生态城市发展战略 . 北京：中国城市出版社 .

中华人民共和国国家发展和改革委员会 . 2007. 中国应对气候变化国家方案 .

中华人民共和国国家发展和改革委员会能源研究所 . 2003. 中国可持续发展能源暨碳排放情景
    分析综合报告 .

中华人民共和国国家统计局 . 2011. 中国统计年鉴 2010. 北京：中国统计出版社 .

中华人民共和国国务院 . 2011. 国务院关于印发"十二五"节能减排综合性工作方案的通知 .

朱江玲，岳抄，王少鹏，等 . 2010. 1850 ~ 2008 年中国及世界主要国家的碳排放 . 北京大学学
    报（自然科学版），46（4）：497 ~ 504.

朱俊，张利鸣，浦静姣，等 . 2006. 基于 GIS 的营口港总体规划生态环境影响分析 . 环境科学
    研究，19（5）：142 ~ 148.

朱勤，彭希哲，陆志明，等 . 2010. 人口与消费对碳排放影响的分析模型与实证 . 中国人口·
    资源与环境，20（2）：98 ~ 102.

朱松丽 . 2010. 北京、上海城市交通能耗和温室气体排放比较 . 城市交通，8（3）：58 ~ 63.

朱坦，田丽丽，唐弢，等 . 2007. 我国战略环境评价的特点挑战与机遇 . 环境保护，（3）：4 ~ 7.

朱坦，吴婧 . 2005. 当前规划环境影响评价遇到的问题和几点建议 . 环境保护，5：50 ~ 54.

朱坦，吴婧 . 2006. 规划环境影响评价在生态城市建设中的应用研究 . 现代城市研究，21（1）：

29 ~ 31.

朱坦, 徐鹤, 吴婧 . 2005. 战略环境评价 . 天津: 南开大学出版社 .

朱坦 . 2006. 环境影响评价是建设环境友好型社会的重要工具和手段 . 环境保护, 8B: 40 ~ 44.

朱永彬, 王铮, 庞丽, 等 . 2009. 基于经济模拟的中国能源消费与碳排放高峰预测 . 地理学报, 64 (8): 935 ~ 944.

朱祉熹 . 2010. 我国战略环境评价中的情景分析研究 . 天津: 南开大学博士学位论文 .

庄贵阳 . 2007. 低碳经济: 气候变化背景下中国的发展之路 . 北京: 气象出版社 .

庄贵阳 . 2009-01-07. 由 "表" 及 "里" 认识低碳经济 . 经济日报 .

邹秀萍, 陈劭锋, 宁淼, 等 . 2009. 中国省级区域碳排放影响因素的实证分析 . 生态经济, 3: 34 ~ 36.

Albrecht J, Francois D, Schoors K. 2002. A shapely decomposition of carbon emissions without residuals. Energy Policy, 30 (9): 727 ~ 736.

Ang B W, Lee S Y. 1994. Decomposition of industrial energy consumption: some methodological and application issues. Energy Economics, 16 (2): 83 ~ 92.

Ang B W, Zhang F Q, Choi K H. 1998. Factorizing changes in energy and environmental indicators through decomposition. Energy, 23 (6): 489 ~ 495.

Ann P Kinzig, Daniel M. 1998. National trajectories of carbon emissions: analysis of proposals to foster the transition to low-carbon economies. Global Environmental Change, 8 (3): 183 ~ 208.

Bina O. 2003. Re-conceptualising Strategic Environmental Assessment: Theoretical Overview and Case Study from Chile. Cambridge: University of Cambridge.

Boyd G A, Hanson D A, Sterner T. 1988. Decomposition of changes in energy intensity: a comparison of the Divisia index and other methods. Energy Economics, 10 (4): 309 ~ 312.

Briassoulis H. 1999. Who plans whose sustainability? Alternative roles for planners. Journal of Environmental Planning and Management, 42: 889 ~ 902.

Brown A L, Therivel R. 2000. Principles to guide the development of strategic environmental assessment methodology. Impact Assessment and Project Appraisal, 18 (3): 183 ~ 190.

Canadian Environmental Assessment Agency (CEAA). 2003. Incorporating climate change considerations in environmental assessment: General guidance for practitioners. Available from http://www.ceaa-acee.gc.ca/default.asp? lang=En&n=A41F45C5-&offset=1&toc=show [2011-09-08].

Carter J G, White I, Richards J. 2009. Sustainability appraisal and flood risk management. Environmental Impact Assessment Review, 29 (1): 7 ~ 14.

Dalfelt A, Næss L O. 1997. Climate change and environmental assessments: issues in an African perspective. Center for International Climate and Environmental Research-Oslo (CICERO), Working Paper 1997: 2. Oslo, Norway: CICERO. Available from http://www.cicero.uio.no/media/162.pdf.

Dalton M, O'Neill B C, Alexia F-P, et al. 2008. Population aging and future carbon emissions in the United States. Energy Economics, 30 (2): 642 ~ 675.

Detlef van Vuuren, Morna Isaac, Zbigniew W Kundzewicz, et al. 2011. The use of scenarios as the basis for combined assessment of climate change mitigation and adaptation. Global Environmental Change, 11: 575~591.

Environment Change Institute. 2007. Strategic Environmental Assessment and Climate Change: Guidance for Practitioners. Cambridge: Cambridge University Press.

Fan Y, Liu L C, Wei Y M, et al. 2007. Changes in carbon intensity in China: empirical findings from 1980—2003. Ecological Economies, 62: 683~691.

Fischer T B. 2001. Towards a better consideration of climate change and greenhouse gas emission targets in transport and spatial/land use policies, plans and programmes. Report prepared for presentation at the Open Meeting of the Global Environmental Change Research Community, 6-8 October, Rio de Janeiro.

Galeotti M, Lanza A, Pauli F. 2006. Reassessing the environmental kuznets curve for CO_2 emissions: a robustness exercise. Ecological Economics, 57: 152~163.

George C. 1999. Testing for sustainable development through environmental assessment. Environmental Impact Assessment Review, 19 (2): 175~200.

Hi-Chun Parka, Eunnyeong Heob. 2007. The direct and indirect household energy requirements in the Republic of Korea from 1980 to 2000—An input-output analysis. Energy Policy, 35: 2839~2851.

Holtz-Eakin D, Thomas M Selden. 1995. Stoking the fires? CO_2 emissions and economic growth. Journal of Public Economics, 57: 85~101.

Hyun-Sik Chung, Hae-Chun Rhee. 2001. A residual-free decomposition of the sources of carbon dioxide emissions: A case of the Korean industries. Energy, 26: 15~30.

IAIA. 2010. Climate Change Mitigation and Adaptation-Impact Assessment Considerations/Approaches.

IEA. 2010. CO_2 Emissions from Fuel Combustion: Hightights. 2010 deition.

Jaroszweski D, Chapman L, Petts J. 2010. Assessing the potential impact of climate change on transportation: the need for an interdisciplinary approach. Journal of Transport Geography, (18): 331~335.

Jiang L W, Brian C O Neill. 2004. The energy transition in rural China. International Journal of Global Energy Issues, 21: 2~26.

Jiang L W, Karen H. 2010. How Do Recent Population Trends Matter to Climate Change? PAI work paper, http://www. populationaction. org/publications/working_papers /April_2009 ［2010-11-06］.

Kaya Yoichi. 1989. Impact of Carbon Dioxide Emission on GNP Growth: Interpretation of Proposed Scenarios. Presentation to the Energy and Industry Subgroup, Response Strategies Working Group, IPCC, Paris.

Kirwan F. 2005. A critical review, investigating awareness, use and users' opinions, of the "Strategic environmental assessment and climate change: Guidance for practitioners" guidance note (MSc Thesis, University of East Anglia, UK, 2005). Available from http://www. uea. ac. uk/env/all/

teaching/eiaams/pdf_dissertations/2005/Kirwan_Frances. pdf.

Lantz V, Feng Q. 2006. Assessing income, population and technology impacts on CO_2 emissions in Canada: where's the EKC? Ecological Economics, 57: 229~238.

Liu X Q, Ang B W, Ong H L. 1992. The application of Divisia index to the decomposition of changes in industrial energy consumption. The Energy Journal, 13 (4): 161~177.

Marsden G, Rye T. 2010. The governance of transport and climate change. Journal of Transport Geography, 18: 669~678.

Noble B F, Christmas L M. 2008. Strategic environmental assessment of greenhouse gas mitigation options in the Canadian agricultural sector. Environmental Management, 41 (1): 64~78.

OECD. 2002. Indicators to Measure Decoupling of Environmental Pressure from Economic Growth. Summary Report, OECD SG/SD.

Partidario Rosdrio Maria. 1996. Strategic environmental assessment: key issues emerging from recent practice. Environmental Impact Assessment Review, 16 (1): 31~55.

Poulsen T G, Hansen J A. 2003. Strategic environmental assessment of alternative sewage sludge management scenarios. Waste Management & Research, 21 (1): 19~28.

Richmond A K, Kaufmann R K. 2006. Is there a turning point in the relationship between income and energy use and /or carbon emissions? Ecological Economics, 56: 176~189.

Sadler B, Verheem R. 1996. Strategic Environmental Assessment: Status, Challenges and Future Directions. Ministry of Housing, Spatial Planning and the Environment. The Netherlands and the International Study of Effectiveness of Environmental Assessment.

Sadler B. 1996. International study of the effectiveness of environmental assessment: environmental assessment in a changing world—Evaluating practice to improve performance. Ottawa, Canada: Canadian Environmental Assessment Agency and IAIA. Available from http://www. iaia. org/publicdocuments/EIA/EAE/EAE_10E. PDF.

Satterthwaite D. 2009. The implications of population growth and urbanization for climate change. Environmental and Urbanization, 21 (2): 545~567.

Schwabl A. 1988. Environmental planning with the aid of a decision support system. Computor Techniques in Environmental Studies, 587~596.

Sheehan P, Sun F. 2006. Energy use and CO_2 emissions in China: retrospect and prospect. CSES Climate Change Working Paper, 17.

Shillington T, Russell D, Sadler B. 1997. Addressing climate change through environmental assessment: a preliminary guide. Ottawa: Canadian Global Change Program, 27~68.

Shui Bin, Hadi Dowlatabadi. 2005. Consumer lifestyle approach to US energy use and the related CO_2 emissions. Energy Policy, 33: 197~208.

Sprague R H, Watson H J. 1989. Decision Support System: Putting Theory into Practice. Englewood Cliffs, New Jersey: Prentice Hall, 44~56.

Sun J W. 1998. Changes in energy consumption and energy intensity: a complete decomposition mode. Energy Economics, 20: 85~100.

Svarstad H, Petersen L K, Rothman D, et al. 2008. Discursive biases of the environmental research framework DPSIR. Land Use Policy, 25: 116~125.

Therivel R, Wilson E, Thomson S, et al. 1992. Strategic Environmental Assessment. London: Earth Scan Publication Ltd.

Therivel R, Maria R. 1996. The Practice of Strategic Environmental Assessment. London: Earthscan Publication Ltd.

Therivel R. 2004. Strategic Environmental Assessment in Action. London: Earthscan Publication Ltd.

UK Energy White Paper. 2003. Our Energy Future-Creating a Low Carbon Economy. http://www.berr.gov.uk/files/file10719.

UNCSD. 2007. Indicators of Sustainable Development: Guidelines and Methodologies. Third Edition.

Unruh G C. 2000. Understanding carbon lock-in. Energy Policy, 28 (12): 817~830.

US Council on Environmental Quality (USCEQ) . 1989. Draft of Guidance to Federal Agencies Regarding Consideration of Global Climate Change in Preparation of Environmental Documents. Washington, DC: Washington, DC Press.

Wang C, Chen J, Zou J. 2005. Decomposition of energy-related CO_2 emissions in China: 1957-2000. Energy, 30: 73~80.

White A, Cannell M G R, Friend A D. 1999. Climate change impacts on ecosystems and the terrestrial carbon sink: a new assessment. Global Environmental Change, 9: 21~30.

Wilson E, Piper J. 2008. Spatial planning for biodiversity in Europe's changing climate. European Environment, 18 (3): 135~151.

Wu L, Kaneko S, Matsuoka S. 2005. Driving forces behind the stagnancy of China's energy-related CO_2 Emissions from 1996 to 1999: the relative of structural change, intensity change and scale change. Energy Policy, 33 (3): 319~335.

Zakkour P D, Gaterell M R, Griffin P, et al. 2002. Developing a sustainable energy strategy for a water utility, Part II: A review of potential technologies and approaches. Journal of Environmental Management, 66 (2): 115~125.

Zhang Z X. 2003. Why did the energy intensity fall in China's industrial sector in the 1990s? The relative importance of structure change and intensity change. Energy Economics, 25: 625~638.

Zhu Zhixi, Bai Hongtao, Xu He. 2010. An inquiry into the potential of scenario analysis for dealing with uncertainty in strategic environmental assessment in China. Environmental Impact Assessment Review, 31 (6): 538~548.

Zhuang Guiyang. 2008. How will China move towards becoming a low carbon economy? Journal of China & World Economy, 16 (3): 93~105.

附录　国外相关技术导则

1. 2004-Canada_Guide_EIA_CC-incorporating CC considerations in EA-General Guidance for Practitioners

2004年，加拿大发布了将气候变化纳入环评的实践手册指南。该指南中包括：

- 收集和获取项目温室气体排放以及气候变化对项目影响的相关信息的方法；
- 实践者在项目环评中考虑气候变化因素时，所能使用的信息的主要来源；
- 鼓励联邦、省和地区的行政部门以及对环评负责的政府公共机构在环评过程中始终考虑气候变化因素的方法。

指南中提到政策和法规，如加拿大的国家气候变化计划或者阿尔伯塔省的气候变化行动计划，应该是气候变化相关的环评实践的基础。按照该指导文件开展的项目环评可能包括以下内容：

- 项目温室气体排放的初步估计/预测；
- 明确中高排放项目温室气体管理的具体考虑因素；
- 在规划阶段审查所有的项目，以促进各部门考虑最佳实践（即最低排放强度或排放量）；
- 审查有关管辖气候变化的政策或目标的项目计划；
- 识别对气候参数和变量敏感的项目；
- 审查现有的有关气候变化的研究和信息，以及气候条件引致的地方、区域或跨省/地区的环境条件变化以及变化趋势；
- 使公众利益决策者意识到拟建项目的气候变化背景；
- 尊重在某些情况下司法管辖权的变化和方法。

该指导随着气候变化相关的科学、政策和行动的演变而改变。加拿大正实行温室气体减排政策。该指导中所描述的评估潜在气候变化影响的方法应作为初次尝试，而当出现新的可用信息时，应该对方法进行调试和完善。

一些拟建的项目可能未被一般政策的义务要求所覆盖，故而考虑如何减缓气候变化对于这些项目来说是恰当的。而对于所有的项目，评估都应考虑气候变化对项目的影响。附表 1 说明了如何在典型的环评过程中同时考虑两种气候变化因素。

附表 1   在环评中考虑气候变化因素的建议程序

环评过程	温室气体因素 项目可能引致的温室气体排放	影响因素 项目可能受到的气候变化影响
筛选	温室气体因素的初步筛选	影响因素的初步筛选
数据和信息收集	如需要，识别温室气体因素： 　行业概况； 　项目细节；	如需要，识别影响因素： 　区域气候和相关环境因素； 　项目的敏感性；
环境影响分析	评估温室气体因素： 　直接和间接排放； 　对碳汇的影响；	评估影响因素： 　对项目的影响； 　对公众和环境的风险；
减缓措施识别	如需要，编写温室气体管理计划： 　司法管辖权因素； 　项目细节；	如需要，编写影响管理计划： 　项目细节； 　澄清现有数据；
监测和跟进	监测、跟进并改善管理	监测、跟进并改善管理

2. 2007-Levett-Therivel-Guideline for SEA&CC

2007 年发布了 Levett-Therivel 战略环评与气候变化指南。该指导建议如何在英格兰和威尔士的战略环评中考虑气候变化问题，介绍了关于气候变化的成因及其影响的信息，以及如何在战略环评中描述和评估这些信息。该指南还介绍了如何通过战略环评来开发适应和缓解措施。相较于该指南 2004 年的最初版本，07 版反映了政府在战略环评和气候变化方面信息的更新，以及对原版本的使用情况。

该战略环评指南要求责任当局（计划制定者）评估计划和方案对环境（包括气候因素）所可能造成的影响。这些影响应包括中期和累积效应。气候变化是一个累积效应：它是由许多的行为所造成，每个行为所造成的影响虽然有限，但累加起来将会造成严重的后果。适应措施需要考虑气候变化对计划和方案的影响。

通过 2004 年的计划和方案的环境评估条例，战略环评指令得以在英国和威尔士实施。由 ODPM 等出版的实用指南则给出了英国战略环评和可持续性评估的指导。

如附表 2 所示，在战略环评过程的各阶段都必须同时考虑对气候变化的缓解和适应措施。该指南涵盖了附表 2 中用粗体标示的问题。并且战略环评应至少包括气候变化对当地的影响及建议的缓解和适应措施的信息。附表 3 列出了气候变化原因和影响的基本信息和指标的来源。英格兰区域气候变化联盟，以及威尔士跨部门气候变化小组能提供更多的与本地具体问题和方法相关的信息。

附表2　战略环评过程中的气候变化（缓解和适应）

战略环评过程（基于ODPM，2005）	如何在该过程中考虑气候变化
• 识别其他相关计划、方案和环境保护目标 • 收集基线资料 • 识别环境问题 • 开发战略环评目标 • 咨询战略环评的范围	• 描述当前和未来可能的 • 识别 • 开发　　　　　　　　　（附表3） • 咨询环境局，特别是对洪水风险、水的供应和质量 • 自然英格兰和威尔士乡村理事会——针对自然生态环境 • 英国遗产和CADW文化遗产 • 咨询其他组织（见附表3）
• 针对战略环评目标测试计划或方案目标 • 制定战略备选方案 • 预测计划或方案的影响，包括（现实的）备选方案 • 评估计划或方案的影响，包括（现实的）备选方案 • 避免和尽量减少不利影响	• 给出计划替代方案的建议（缓解和适应），以处理气候变化相关的主要问题 • 评估计划 • 参考或总结环境报告中区域洪水风险评价或战略洪水风险评价的结果 • 考虑备选方案对温室气体排放的影响，以及当选择首选替代方案时整合气候变化适应措施的能力 • 将　　　　　　　　　　整合进最终方案中
• 编写环境报告	• 在环境报告中解释如何识别和管理气候变化问题，包括如何管理其不确定性
• 向公众和咨询机构咨询对草案计划或方案和环境报告的建议 • 评估重大变化 • 决策和提供信息	• 咨询对气候变化管理负责的机构和其他能提供良好实践建议的机构（见阶段A）
• 开发监测目标和方法	• 监测缓解措施对温室气体减排的效力。可能适应措施的成效不是那么容易监测，但这些措施是否落实到位/实施是能监测到的 • 做好准备，以应对任何不利影响

附表3　可能的气候变化指标和信息来源

气候变化方面	可能的指标	数据/信息来源
原因	• 人均碳排放 • 温室气体排放量：每个地区，人均	• 英国地质调查局——沉降风险 • UKCIP——气候变化情景，范围界定研究，部门研究
气候/天气变化	• 海平面 • 降雨量 • 气温 • 江河的洪水水位 • 极端事件，如热浪	• 哈德利中心——气候监测和预测 • 廷德尔中心和气候研究中心，国际世界语协会——能源期货，气候变化政策 • CLG——土地利用变化，洪水风险 • Stern（2006），CLG（2006b，c）和其后的"缓解措施" • 英国温室气体清单
气候/天气变化对当地的影响	• 年均洪水发生率/干旱损害 • 物种的范围和活动 • 热和/或寒冷引致的死亡数 • 沉降案例/沉降的保险理赔数 • 河流流量和水质	• 环境机构——洪水风险图，河流流量，水质 • 自然英格兰和威尔士的乡村理事会——自然保护，栖息地，生物气候影响等
缓解措施家庭能源使用	• 总的电力和天然气使用 • 汽车-人均年行驶公里 • 该地区的可再生能源和热电联产产生的电力 • 新建筑建材能耗 • 新建筑的平均能源效率 • 符合可持续建筑的认证代码的新建筑百分率	• 审计署——家庭/个人的能源使用 • 贸易和工业部门——能源趋势 • 环境变化研究所——建筑和设备的排放量 • HM Government（2006），CLG（2006c），Jones（2007） • 可再生能源统计数据库——可再生能源 • OFGEM——热电联产，能源供应商
适应措施	• 可持续城市排水系统（SUDS）的发展百分率 • 洪泛平原的住宅数或百分率 • 洪泛平原的道路/铁路线数或百分率 • 根据环境局对洪水风险理由的建议，而授予的规划许可数 • 家庭用水 • 发展清单中的发展百分率 • 通过栖息地创建/恢复计划，加强生态网络建设	• 环境局 • 自然英格兰和威尔士乡村理事会——自然保护，栖息地等 • CLG（2006a），土地使用顾问（LUC）等（2005），SECCP等（2005），威尔士议会政府

战略环评目标和指标应该包括气候变化。附表3列举了可能的气候变化指标；附表4列举了可能相关的战略环评目标。在具体的实践操作过程中可能需要对它们进行选择和调整以反映计划的内容。

附表4　可能相关的战略环评气候变化目标

措施	可能的战略环评目标
减缓措施	尽量减少未来气候变化，如： • 减少能源需求，如减少旅行的需要 • 提高能源效率 • 转向低碳能源 • 提高再生能源百分率 • 改善废弃物和土地使用实践以达到减排目的 • 通过自然碳汇维护和加强固碳，减少碳损失，尤其是泥炭和有机土壤的碳损失
适应措施	减少对气候变化影响的脆弱性，如： • 提供医疗服务和基础设施 • 确保排水系统能应付变化的降雨模式/强度 • 预防风险——在泛洪区开发的基础方法 • 确保海上防御 • 确保将来的水供应和需求管理 • 设计建筑物和城市地区，以应对新的极端气候 • 提供可靠的交通基础设施 • 增加城市绿地 • 避免会限制未来适应的行为 • 发展灵活多样的生态景观 • 建立生态网

3. 2007-UNFCCC-CC Impacts, Vulnerabilities and Adaptation in Developing Countries

2007年联合国气候变化框架公约（The United Nations Framework Convention on Climate Change, UNFCCC）秘书处制作了《Impacts, Vulnerabilities and Adaptation in Developing Countries》这本书，突出了对发展中国家对气候变化影响适应问题的关切。这本书概述了四个发展中国家/地区的气候变化的影响，即非洲、亚洲、拉丁美洲和小岛屿发展中国家，这些地区对未来气候变化的脆弱性，目前的适应计划、战略和行动，以及未来的适应方案和需要。

联合国气候变化框架公约缔约各方在本书中提供了大量的信息，尤其是2006～2007年在非洲、亚洲和拉丁美洲举行的三区研讨会和在小岛屿发展中国家举行的专家会议提供了大量的信息。这些信息由布宜诺斯艾利斯的适应措施项目管理。相关信息还包括提交给 UNFCCC 的国家沟通和国家适应项目的信息、政府间气候变迁研究小组（IPCC，2007）报告等。

在这本书中关于气候变化的背景信息以及发展中国家为何需要适应气候变化都在该书第二章中给出。该章还阐述了提供气候变化行动国际基础的 UNFCCC 如何帮助发展中国家做出适应气候变化的努力。

许多国家在评估气候变化影响和对气候变化的脆弱性，以及考虑可能的适应方法等问题上开展了大量的工作。该书第三章涵盖了阐述国家如何开展气候变化评估，给出了发展中国家在信息收集和分析时将会遇到的差异和需要。尽管有许多的工作要做，但重点是 UNFCCC 组织的研讨会和专家会议。

发展中国家具有非常不同的个体情况和气候变化具体影响，这些影响不仅取决于其地理、社会、文化、经济和政治情况，还取决于当地气候。因此，国家需要适宜其地方特征的多种适应措施。然而也存在用于跨国家和地区的区域划分问题。同一行业在不同程度上受到气候变化的影响，这些主要部门包括：农业、水资源、人体健康、陆地生态系统、沿海地区生物多样性。第四章主要介绍发展中国家跨行业部门的当前和未来影响与脆弱性。

虽然如何做好适应工作的知识是处于初期阶段，但 UNFCCC 的各方正增加他们对适应行动的支持。这包括一些发展中国家（包括最不发达的国家）的国家适应项目的发展，以及将这些适应项目与国家战略的整合。气候变化问题的解决需要在众多可持续发展、降低灾害风险、适应性政策等方面的目标间寻求平衡取舍，需要识别和利用他们的协同作用，这样的举措也需要新的和持续的资金来源。第五章着重介绍发展中国家对气候变化的适应需求和反应，以及 UNFCCC 的工作如何能帮助促进这些国家在适应方面更多的工作的开展。本章也强调在可持续发展背景下计划并实施适应措施，将适应思想整合进各级政策的需要。为探讨如何缩小计划和实施适应方法间的差距而举行的研讨会和会议中，所得出的建议，也是该章节的重点。

最后，该书的第六章希望能给 UNFCCC 一个可能的下一个步骤的说明，包括在 2012 年后的气候体制和针对气候变化威胁所作出的适应选择。

4. 2007-USAID-Adaptation to Climate Variability and Change-A Guidance Manual for Development Planning、2010-USAID-Climate Change Adaptation Guidance Manual

2007 年美国国际开发署（USAID）提出将对气候变化的适应纳入项目的全过程（问题诊断—项目设计—项目执行—项目评价）中。将对气候变化的适应纳入项目包括六个步骤：①识别环境脆弱性；②确定适应措施；③指导分析；④选择实施方案；⑤实施方案；⑥评价气候变化适应方案。将气候变化的适应性纳入项目全过程的对应步骤如附图 1 和附图 2 所示。

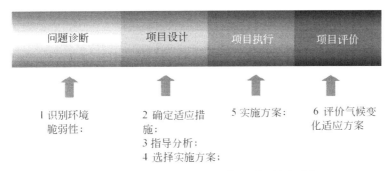

| 问题诊断 | 项目设计 | 项目执行 | 项目评价 |

1 识别环境脆弱性；　　2 确定适应措施；　　5 实施方案；　　6 评价气候变化适应方案

3 指导分析；

4 选择实施方案；

附图 1　气候变化的适应性评价和项目的全过程

　　气候变化的适应性应灵活机动地纳入到项目中。比如，在项目之初就应该考虑气候变化，USAID 项目设计者在问题的诊断阶段便考虑气候变化问题，及早调整项目计划。也可以在项目的执行过程中纳入气候变化问题，边执行边调整方案。

　　将气候变化的适应性纳入项目规划的具体步骤如下：

　　而在 2010 年，HSAID《气候变化适应指南》中阐述了气候变化的重要性，介绍了 USAID 所从事的相关气候变化的研究及其成果，介绍了气候变化适应措施与项目全过程结合的范例：一从项目的开始阶段就考虑气候变化因素；二对于正在实施的项目，增加适应措施；三能力建设和培训计划。

　　5. 2008-OECD-SEA Approach to Adaptation、2010-OECD-SEA Toolkit-SEA and Adaptation to CC、2009-OECD Policy Guidance on Integrating Climate Change Adaptation into Development Co-operation、2010-OECD-Incorporating_Climate_Change_Impacts and Adaptation in EIA-Opportunities and Challenges

　　2008 年，经济合作与发展组织发布了《战略环评与气候变化适应》指导手册。该指南的目的在于：①说明战略环评如何提供一个框架，在战略规划中考虑气候变化风险和机遇；②指导从事 3P 准备工作的规划者、决策者、部门专家和那些已经熟悉战略环评的人员，将气候变化因素纳入 3P 工作中。

　　该指南的焦点在于展示战略环评方法如何能帮助战略规划适应气候变化，以减少气候变化对系统和人口的危害、规避风险和漏洞。其目的在于展示如何利用战略环评来评估 3P 如何能调解气候变化的风险，例如可以通过促进或制约适应性选择和行为得以实现。

步骤	解释
1 识别环境脆弱性 2-6 分析、实施、评价 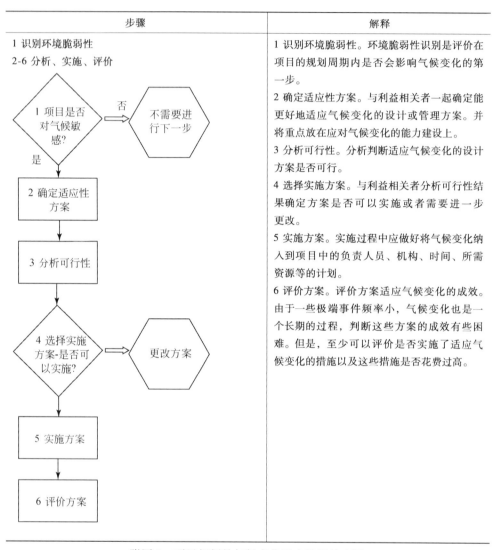	1 识别环境脆弱性。环境脆弱性识别是评价在项目的规划周期内是否会影响气候变化的第一步。 2 确定适应性方案。与利益相关者一起确定能更好地适应气候变化的设计或管理方案。并将重点放在应对气候变化的能力建设上。 3 分析可行性。分析判断适应气候变化的设计方案是否可行。 4 选择实施方案。与利益相关者分析可行性结果确定方案是否可以实施或者需要进一步更改。 5 实施方案。实施过程中应做好将气候变化纳入到项目中的负责人员、机构、时间、所需资源等的计划。 6 评价方案。评价方案适应气候变化的成效。由于一些极端事件频率小，气候变化也是一个长期的过程，判断这些方案的成效有些困难。但是，至少可以评价是否实施了适应气候变化的措施以及这些措施是否花费过高。

附图 2 项目规划的气候变化适应性评估步骤

除了通过利用适应措施来解决不可避免的气候变化外，减排和（或）增加碳汇等气候变化缓解措施也是至关重要的。一个彻底的战略环评应考虑温室气体排放及其后果。此外，我们需要认识到，适应和缓解措施是气候变化风险管理的补充，这些活动间存在协同作用。

该指南并不是一个指令性的蓝图，其并不认为所有的战略环评都应当考虑气候变化因素。在战略和 3P 规划中可以通过使用"气候镜头"使决策者确定 3P

是否有气候变化风险。如若有，则需要进一步确定风险的大小，评估气候变化的影响，并制定相应的适应措施。

指南还给出了通过战略环评解决气候变化问题的主要步骤和关键。这部分主要是针对两个具体的切入点介绍的，分别是：①国家总体战略、计划和方案；②国家级部门政策、计划或方案。

步骤一：建立背景

3P 的背景将决定气候变化适应措施是否是战略环评过程中的一个相关考虑因素。除了筛选和设定目标，建立背景包括确定谁是关注气候变化适应状况的主要利益相关者，以及他们应当何时、如何参与战略环评。

（1）在战略环评背景中评估气候变化方面的需求。

（2）设定目标。

（3）确定利益相关者。

步骤二：实施战略环评

实施战略环评需要确定战略环评工作的开展范围，收集基线数据，并确定如何提升机会和降低风险。在一个战略环评相关的气候变化适应措施中，其执行将取决于特定的国家气候变化数据和预测是否与 3P 呈相关比例，又或者有较大的差距；还取决于收集、管理、解释和传播用来评估可能影响 3P 的气候变化风险的信息的能力。应收集和分析气候变化率、极端事件、脆弱性相关模式等数据，以预测项目的变化趋势，比如降水量、海平面上升、社会经济、环境条件等的趋势。可以从以往的研究和评估和文件中获取相关数据，诸如最不发达国家的国家适应行动计划（NAPAs）、联合国气候变化框架公约的国家信息通报、气候变化脆弱性（风险）地图。如果不能获取关键信息，或者信息不一致，则需要在战略环评的早期阶段开展专案研究来填补这些关键信息的空缺。

在实施战略环评的过程中，评价体制评估和管理气候变化风险的能力，以及如何增强这些能力都很重要。各式各样的机构将被授权来管理有关气候变化的风险。虽然战略环评不提供气候变化及其影响研究的发起和管理框架，但战略环评过程可能突出知识和信息方面的差距。战略环评也许能帮助评估系统效率，监测能产生气候变化信息的关键变量、导致自然和人类系统对气候变化脆弱性的因素。然后重要的是，考虑能降低气候变化风险，提高政策、计划或方案产出的适应对策。

（1）筛选。

（2）收集基线数据。

（3）确定如何提升机遇并减缓影响。

（4）确定备选方案。

步骤三：通知和影响决策者

该步骤是战略环评中的关键一步。如何与决策者沟通 3P 的气候变化风险信息，如何通知他们可能的适应措施，对于促进知情决策很是关键。在该步骤的关键问题是提出建议。

步骤四：监测和评价

必须保证在 3P 的监测和评价中考虑战略环评报告的建议，包括气候变化适应措施。

（1）计划 3P 的监测工作。

（2）3P 的评价。

（3）战略环评过程的评价。

大量的跨领域问题应在战略环评的所有阶段都考虑。其中三个较为重要的为：如何在适应对策中解决性别问题；气候变化如何影响土著人民；将气候变化与 3P 进行战略性整合的阻碍与机遇，以及气候变化风险管理措施的落实问题，如何提高跨部门的协调性。

在 2008 年的《战略环评与气候变化适应》指导手册的基础上，OECO 2010 年对其进行了修订更新。这是一系列的咨询说明，补充了 OECO 援助委员会在发展合作中回顾的战略环评经验（2010）。2010 年的回顾提供了一个全面的发展中国家主要战略环评活动的概览，并被认为是 2006 年 OECO 援助委员会对应用战略环评的指导的监测报告。该咨询说明并非用来提供详尽、深入的指导，而是给出补充意见，和能够找到更多专门信息资源的链接。着重于以下方面：

（1）在特定情况运用战略环评时，将需要独特的敏感和意识（如后冲突环境）。

（2）战略环评需要更充分地整合新出现的问题，该咨询说明将提供有关这些新问题的审视角度、信息和指导。

（3）当援助委员会战略环评指导在准备时没能解决的问题，需要开展侧重某一关键新兴问题或政策领域的战略环评。

该指南的目标人群是战略环评的从业人员以及考虑具体问题或情境的专家。该咨询说明旨在：①说明战略环评如何能提供一个将气候变化风险和机遇因素整合进战略规划的框架；②指导从事 PPP 编制的规划者、决策者和部门专家和那些已经熟悉将气候变化因素纳入 PPP 中的专家。

此外，该指南是战略环评指南系列中着重于提供战略环评专题应用的一个。其他的指南则与下列主题相关：

（1）战略环评和减少灾害风险。

（2）战略环评和生态系统服务。

（3）战略环评和冲突后发展。

2010 年，OECO 发布《将气候变化影响和适应措施纳入环境影响评价》，分析表明运用环评程序来加强项目对气候变化影响的适应的范围广阔。在环评的初始战略阶段，以及筛选、详细评估和实施阶段纳入气候变化影响和适应因素的切入点有许多。一些国家和地方各级主管机关以及多边开发银行已经在审查将气候变化影响和适应措施纳入环评模式的可能性方面取得了一些进展。该报告首先概述了将气候变化影响信息纳入环评过程的关键步骤以及潜在的切入点。随后，开发了一个框架，用来评估发达国家和发展中国家对于将气候变化影响和适应因素纳入环评所取得的进展。然后，根据经验来识别利用环评避免项目受气候风险的影响，加强项目对气候风险应变力的机会和约束。

6. 2009-The Scottish Government-Consideration of Climatic Factors within Strategic Environmental Assessment

2009 年苏格兰政府发布了《将气候变化因素纳入战略环评指南》。该指南主要是针对苏格兰的战略环评从业人员。而对于计划制定者其也具有一定的用处，确保苏格兰规划项目战略的编写考虑气候变化因素。该指南所提供的信息，旨在促进在战略环评中评估气候因素的良好实践。对于如何在战略环评中考虑气候变化，该指南向苏格兰的实践者们给出了建议，这些建议基于环境评价条例（苏格兰，2005）。

该指南指出，重要的是在战略环评过程的每个关键报告阶段考虑正在准备的 PPS（a plan, programme or strategy）将可能如何影响气候因素，并考虑各种防治、减少或补偿不利影响的方法，同时强化有利影响。战略环评的关键报告阶段和潜在气候变化行动概述如附表 5 所示。

附表 5　将气候变化因素纳入战略环评的行动内容

阶段	行为	原因
筛选	• 确定 PPS 是否能直接或间接地显著增加或减少温室气体排放 • 确定 PPS 是否能显著影响未来当地适应气候变化的能力 • 为了评估可能产生的影响的大小，检查 PPS 对其他计划的影响显得十分重要	可让您判断战略环评过程和程序是否是法定要求的

续表

阶段	行为	原因
范围界定	• 考虑 PPS（包括任何适应措施）是否可能对气候因素有显著影响，并选择评估方法，用适当的方式评估气候影响	演示如何建议以使得评估与可能具有显著环境影响的 PPS 领域一致，以及环境报告应该如何编制
环境报告	• 总结 PPS 对气候因素的显著影响 • 确定用以防止、减少或补偿 PPS 可能导致不利影响的那些部分的缓解措施 • 针对那些可能具有显著环境影响（包括气候因素）的 PPS 成分，向公众咨询意见	环境报告向公众提供了一种手段，以判断他们的首选方案以及其他替代方案可能将产生的影响
采纳和监测	• 当 PPS 最后定稿时，考虑对气候因素的影响 • 监测 PPS 的潜在气候影响	当做出关键决策以及影响是不确定的时候、监测是考虑环境因素的手段，其用以确定任何不可预见的影响并确保考虑适当的补救行动

7. 2009-CARE-Mainstreaming Climate Change Adaptation a Practioner's Handbook

国际援外合作署（CARE International）2009 年 10 月针对越南的气候变化适应项目发布了指南。该指南先阐述了气候变化的概念，包括气候变化与贫困之间的联系，并具体介绍了越南的气候变化及相关影响。在实践中，将气候变化适应措施主流化，要求该主流化是站在战略层次上的，并与项目循环较好地结合，并具备可操作性。

指南给出的具体操作步骤为：

（1）评估项目活动的气候风险

（2）决定是否要遵循 CVA（Climate Vulnerability and Adaptation）途径

（3）确定适应方法

（4）优化适应措施

（5）选择要实施的适应方法

（6）实施适应方法

（7）评估适应方法和 CVA 路径

8. 2010-CIDA-SEA_and_CC_tool

2010 年加拿大国际开发署发布《加拿大国际开发署政策、计划和方案的气候变化集成工具（草案）》。该草案介绍了气候变化集成工具的使用。草案建议使用者们参考和咨询其他现有的资源，如环境网络、环评外联网以及他们在 CIDA（加拿大国际开发署）的环境专家。至于何时使用环境变化工具，附图 3

给出了说明。

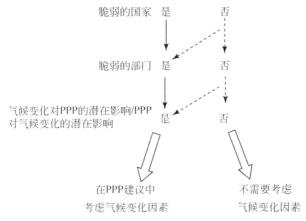

附图 3 气候变化评估决策过程

此后，草案详细介绍了 CC&SEA 加拿大国际开发署工具。

9. APF Section I Users Guidebook，APF Executive Summary，APF Section Ⅲ Case Studies

联合国开发计划署（UNDP）研究开发出了适应政策框架。针对该框架，UNDP 发布了 APF 的使用指南、执行摘要和案例研究。

在使用指南中，主要包括以下方面的内容：

● 该指南回顾了关键概念、方法和案例研究，制定了强调可持续性的适应战略和措施。该指南有助于使用者了解他们所选择实施的适应措施，以及可达到和可获取的技术和其他资源的范围。

● 国家的脆弱性类型范围广泛，采取的适应项目也各不相同，利益相关者在发展规划中的角色也各异，技术能力水平也有着很大的差异。该 APF 能结合各个地方的制约、资源和机会，来支持适应气候变化过程。

● 该指南的主要目标是，在地方、具体部门和国家发展规划过程中考虑气候变化适应措施。

指南根据附图 4~附图 8 结构给参考者意见。其先给出了 APF 的概览，包括七个 APF（The Adaptation Policy Framework）组成部分和九大技术报告之间的关系，使用 APF 的选择范围，重要的适应概念。对于如何开展适应项目，制定适应战略，使用 APF，该指南提供了简明的指导。帮助用户针对不同的情况，确定何种技术报告最为有用。

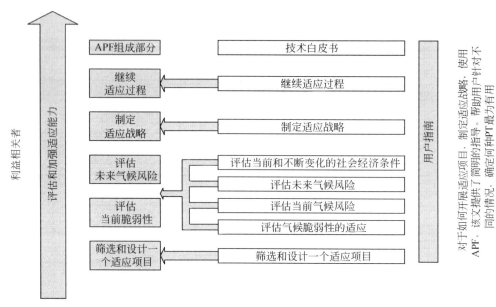

附图 4　适应政策框架概要

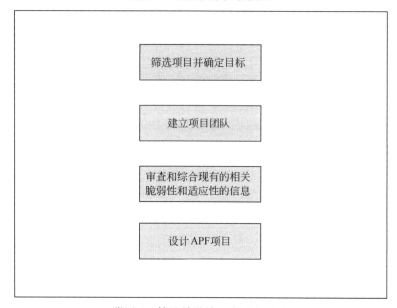

附图 5　筛选并设计一个适应项目

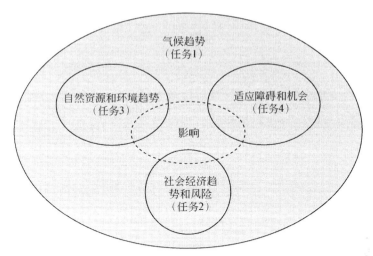

附图6 组成部分3中的任务的概念化

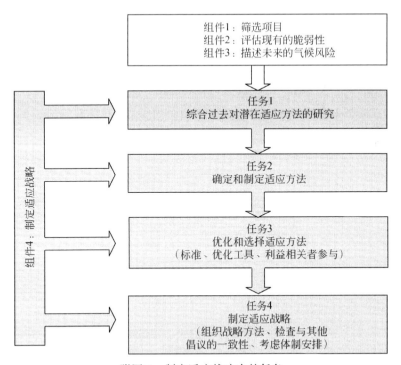

附图7 制定适应战略中的任务

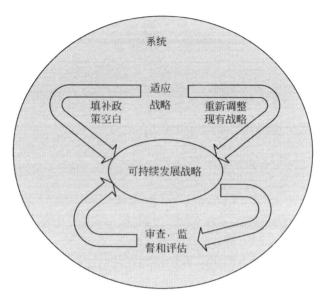

附图 8　持续适应过程的概念化

10. UNDP Adaptation Update （Oct 2009）、UNDP Adaptation Bulletin-（Dec 2009）、UNDP Adaptation Bulletin-（April 2010）、2010-UNDP Stocktaking Report CC mainstreaming tools、UNDP_Adaptation_Annual_Report_2010

联合国开发计划署支持了一些国家的气候变化适应项目，影响了这些国家、省、区的气候变化适应政策和体制的改变。在 2009 年 10 月 UNDP 就该方面发布了公告，提供了最新的资料，包括一系列主题的更新，其中有正在进行中的项目的状态、新的项目审批、性能指标、项目的影响和结果以及值得注意的公告。

UNDP 的适应计划目前支持着 75 个国家在国、省、区层面对气候变化的适应。开发计划署将超过 800 亿美元用于开发发展中国家对气候变化的抗御能力。这包括 300 万美元以上的赠款和超过 5 亿美元的联合融资。31 个非洲国家得到适应计划的资助。UNDP 还支持了 30 个最不发达的国家，以实施适应方案和项目。

2009 年 12 月，UNDP 的公报提供了那些正在接受适应援助的国家的信息。这期主要是 UNDP 的西班牙千年发展目标成就基金 （UN-Spain Millennium Development Goals Funel，MDG-F） 的环境和气候变化专题。在这期公报里，同样强调了 UNDP 对区级适应所增加的投入。还介绍了国家研究重点。

该刊物的后一期 （2010 年 4 月），着重介绍了日本资助的适应方案的政府。其强调：①联合开发署对最不发达国家的支持；②非洲适应计划 （Africa Adaption

Programme，AAP）是一个由联合开发署署名的对非洲的援助方案，由日本政府资助；③对于适应举措的准备和实施，国家进行了更新。

2010 年 2 月 UNDP 发布报告，盘点了在发展援助中将气候变化适应主流化的筛选工具和指南。报告的主要结构如下：第二部分探讨了主流化的基本原理，勾勒出实施主流化所必要的主要组成部分，并指示了考虑主流化过程的各种相关水平和切入点；第三部分讨论并说明了关键的气候变化适应措施和主流化概念在相关文献和实践中是如何定义和使用的，并且他们是如何与发展相联系的；前两部分将主流化概念作为出发点，而第四、五部分重点是气候风险的筛选方法的工具和指导，第四部分探讨了如何将气候风险筛查努力按主流化归类；第五部分给出了气候风险筛选工具和指导的比较概述和分析；第六部分是简要的结论。

2011 年 5 月，UNDP 针对适应计划，发布了 2010 年度报告。该报告纵览了由国家主导的对气候变化适应所做的努力。该适应项目由 UNDP-GEF 支持，由最不发达国家基金、气候变化特别基金和战略优先适应基金共同管理的全球环境基金资助。报告中指出，促进适应的核心元素分别有：将气候变化信息和风险纳入关键部门的计划和活动中；修订或制定政策，将气候风险和机遇包含在内；开发个人和机构的能力；试点技术和以社区为基础的措施。